今すぐ使えるかんたん

Office 2024/
Microsoft 365 両対応

PowerPoint 2024

AYURA 著

Imasugu Tsukaeru Kantan Series
PowerPoint 2024：Office 2024/Microsoft 365
AYURA

技術評論社

本書の使い方

- ● 画面の手順解説（赤い矢印の部分）だけを読めば、操作できるようになる！
- ● もっと詳しく知りたい人は、左側の「補足説明」を読んで納得！
- ● これだけは覚えておきたい機能を厳選して紹介！

特長 1
機能ごとにまとまっているので、「やりたいこと」がすぐに見つかる！

特長 2
赤い矢印の部分だけを読んで、パソコンを操作すれば、難しいことはわからなくても、あっという間に操作できる！

特長 3
やわらかい上質な紙を使っているので、開いたら閉じにくい！

● 補足説明（側注）
操作の補足的な内容を「側注」にまとめているので、よくわからないときに活用すると、疑問が解決！

本書の使い方

時短
前回追加したレイアウトのスライドを挿入する

［ホーム］タブの［新しいスライド］の上部分をクリックすると、前回選択したレイアウトのスライドが挿入されます。ただし、タイトルスライドのみの状態でクリックすると、［タイトルとコンテンツ］が挿入されます。

5 選択したレイアウトのスライドが挿入されます。

② スライドのレイアウトを変更する

解説
レイアウトを変更する

スライドのレイアウトは、スライドを追加したあとでも変更することができます。なお、テキストを入力したあとでもレイアウトは変更できますが、表示が乱れることがあるので注意しましょう。

1 変更したいスライドをクリックします。
2 ［ホーム］タブの［レイアウト］をクリックして、

特長 4
大きな操作画面で該当箇所を囲んでいるのでよくわかる！

3 変更したいレイアウト（ここでは［タイトルとコンテンツ］）をクリックすると、

4 スライドのレイアウトが変更されます。

サンプルファイルのダウンロード

本書では操作手順の理解に役立つサンプルファイルを用意しています。

サンプルファイルは、Microsoft Edgeなどのブラウザーを利用して、以下のURLのサポートページからダウンロードすることができます。ダウンロードしたときは圧縮ファイルの状態なので、展開してから使用してください。

https://gihyo.jp/book/2025/978-4-297-14573-6/support

サンプルファイルのファイル名には、Section番号が付いています。

たとえば、「21_スライドマスター.pptx」というファイル名はSection 21のサンプルファイルであることを示しています。サンプルファイルは、そのSectionの開始する時点の状態になっています。「完成」フォルダーには、各Sectionの手順を実行したあとのファイルが入っています。

なお、Sectionの内容によってはサンプルファイルがない場合もあります。

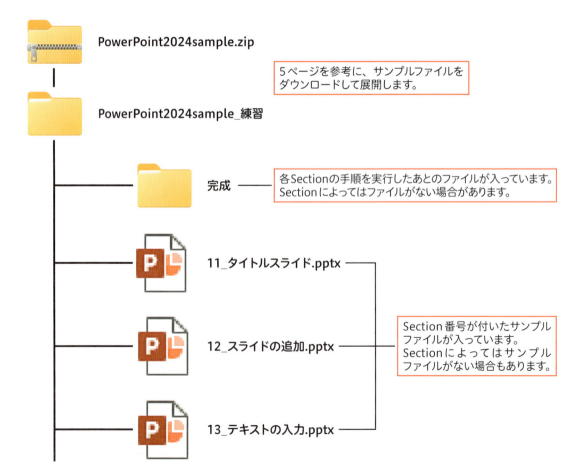

サンプルファイルのダウンロード

1 ブラウザーを起動して、4ページのURLを入力し、サンプルのダウンロードページを開きます。

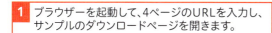

2 ［ダウンロード］の［サンプルファイル］をクリックし、

3 ［ファイルを開く］をクリックします。

4 エクスプローラー画面でファイルが開くので、

5 表示されたフォルダーをクリックして、

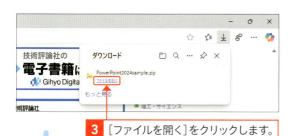

6 ［すべて展開］をクリックします。

7 ［参照］をクリックして、

8 ［ダウンロード］をクリックし、

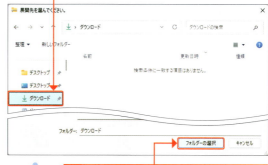

9 ［フォルダーの選択］をクリックします。

10 ［展開］をクリックすると、

11 ［ダウンロード］フォルダーにサンプルファイルが展開されます。

解説　保護ビューが表示された場合

サンプルファイルを開くと、「保護ビュー」というメッセージが表示されます。［編集を有効にする］をクリックすると、操作を行うことができます。

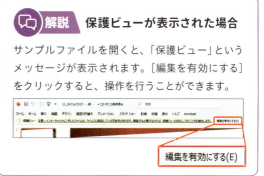

目次

第1章 PowerPointの基本操作を知ろう

Section 01 PowerPointを起動しよう 22
PowerPointを起動して新しいプレゼンテーションを作成する
タスクバーからすばやく起動できるようにする

Section 02 PowerPointの画面構成を知ろう 24
PowerPointの基本的な画面構成
プレゼンテーションの構成
［ファイル］タブ

Section 03 PowerPointの表示モードを知ろう 26
5つの表示モード

Section 04 リボンの操作をマスターしよう 28
リボンを操作する
リボンの表示／非表示を切り替える
ダイアログボックスを表示する
作業に応じたタブが表示される

Section 05 プレゼンテーションを保存しよう 32
名前を付けて保存する
上書き保存する

Section 06 プレゼンテーションを閉じよう 34
プレゼンテーションを閉じる

Section 07 保存したプレゼンテーションを開こう 36
保存してあるプレゼンテーションを開く

Section 08 PowerPointを終了しよう 38
PowerPointを終了する

第2章 スライド作成の基本を覚えよう

Section 09 プレゼンテーション作成の流れを知ろう 42
新規プレゼンテーションを作成する
タイトルスライドを作成する
スライドを追加して内容を入力する
書式を設定する
図形やグラフ、画像などを挿入する

Section 10　**新しいプレゼンテーションを作成しよう**⋯⋯⋯⋯⋯⋯ 44

　　　　　　新規プレゼンテーションを作成する

Section 11　**タイトルスライドを作成しよう**⋯⋯⋯⋯⋯⋯⋯⋯⋯⋯ 46

　　　　　　プレゼンテーションのタイトルを入力する

Section 12　**スライドを追加しよう**⋯⋯⋯⋯⋯⋯⋯⋯⋯⋯⋯⋯⋯⋯⋯ 48

　　　　　　新しいスライドを挿入する
　　　　　　スライドのレイアウトを変更する

Section 13　**スライドの内容を入力しよう**⋯⋯⋯⋯⋯⋯⋯⋯⋯⋯⋯ 50

　　　　　　スライドのタイトルを入力する
　　　　　　スライドのテキストを入力する

Section 14　**スライドの順番を入れ替えよう**⋯⋯⋯⋯⋯⋯⋯⋯⋯ 52

　　　　　　サムネイルウィンドウでスライドの順番を変更する
　　　　　　スライド一覧表示モードでスライドの順番を変更する

Section 15　**スライドをコピー&貼り付け／削除しよう**⋯⋯⋯ 54

　　　　　　スライドをコピー／貼り付けする
　　　　　　スライドを削除する

Section 16　**操作をもとに戻そう／繰り返そう**⋯⋯⋯⋯⋯⋯⋯⋯ 56

　　　　　　操作をもとに戻す／やり直す
　　　　　　操作を繰り返す

Section 17　**アウトライン機能でスライドを作成しよう**⋯⋯⋯ 58

　　　　　　アウトライン表示モードに切り替える
　　　　　　各スライドのタイトルを入力する
　　　　　　スライドのテキストを入力する
　　　　　　レベルを下げる
　　　　　　テキストを折りたたむ／展開する

第3章　スライドのデザインを変えよう

Section 18　**テーマを変更しよう**⋯⋯⋯⋯⋯⋯⋯⋯⋯⋯⋯⋯⋯⋯⋯⋯ 66

　　　　　　テーマを変更する
　　　　　　バリエーションを変更する

Section 19　**テーマの配色や背景を変更しよう**⋯⋯⋯⋯⋯⋯⋯⋯ 68

　　　　　　配色を変更する
　　　　　　背景のスタイルを変更する
　　　　　　スライドの背景に画像を設定する

Section 20　**テーマのフォントを変更しよう**⋯⋯⋯⋯⋯⋯⋯⋯⋯ 72

　　　　　　フォントパターンを変更する

Section 21 スライドマスターの機能を知ろう 74

スライドマスターとは
スライドマスター表示に切り替える
スライドマスターで書式を変更する

Section 22 すべてのスライドにロゴを入れよう 78

ロゴの画像ファイルを挿入する

Section 23 すべてのスライドに会社名や日付を入れよう 80

スライドにフッターを追加する

第4章 文字の書式設定をしよう

Section 24 フォントやフォントサイズを変更しよう 86

フォントを変更する
フォントサイズを変更する

Section 25 フォントの色やスタイルを変更しよう 88

フォントの色を変更する
文字にスタイルを設定する

Section 26 段組みを設定しよう 90

テキストを2段組みに設定する

Section 27 箇条書きの行頭記号を変更しよう 92

行頭記号の種類を変更する

Section 28 段落の先頭文字の位置を変更しよう 94

段落のレベルを下げる
先頭文字の位置を調整する

Section 29 タブで位置を調整しよう 96

タブ位置を設定する

Section 30 段落の配置や行間を変更しよう 98

段落の配置を変更する
行間を変更する

Section 31 テキストボックスで自由な場所に文字を入力しよう 100

テキストボックスを作成する
テキストボックスの塗りつぶしの色を変更する

第5章 図形を作成しよう

目次

Section 32 直線／曲線を描こう ━━━━━━━━━━━━━━━━━━━━━━ 106
　　直線を描く
　　曲線を描く

Section 33 矢印を描こう ━━━━━━━━━━━━━━━━━━━━━━━━━━ 108
　　矢印を描く
　　ブロック矢印を描く

Section 34 基本的な図形を描こう ━━━━━━━━━━━━━━━━━━━━ 110
　　既定のサイズの図形を描く
　　任意のサイズの図形を描く

Section 35 複雑な図形を描こう ━━━━━━━━━━━━━━━━━━━━━━ 112
　　吹き出しを描く

Section 36 図形を移動／複製しよう ━━━━━━━━━━━━━━━━━━ 114
　　図形を移動する
　　図形を複製する

Section 37 図形のサイズや形を変更しよう ━━━━━━━━━━━━━━ 116
　　図形のサイズを変更する
　　図形の形を変更する

Section 38 図形を回転／反転しよう ━━━━━━━━━━━━━━━━━━ 118
　　図形を回転する
　　図形を反転する

Section 39 図形の枠線や塗りつぶしの色を変更しよう ━━━━━━ 120
　　線の太さを変更する
　　線や塗りつぶしの色を変更する

Section 40 図形にグラデーションやスタイルを設定しよう ━━ 122
　　グラデーションを設定する
　　スタイルを設定する

Section 41 図形の中に文字を入力しよう ━━━━━━━━━━━━━━━━ 124
　　作成した図形に文字を入力する
　　文字の書式を設定する

Section 42 図形を結合しよう ━━━━━━━━━━━━━━━━━━━━━━━━ 126
　　コネクタで2つの図形を結合する
　　複数の図形を接合して1つの図形にする
　　複数の図形を型抜き／合成する

Section 43 図形の重なり順を調整しよう ━━━━━━━━━━━━━━━━ 130
　　図形の重なり順を変更する
　　［選択］作業ウィンドウを利用して重なり順を変更する

Section 44 **図形の配置を整えよう** 132
複数の図形を左右等間隔に配置する
複数の図形を上下中央に整列する

Section 45 **複数の図形をグループ化しよう** 134
複数の図形をグループ化する
グループを解除する

Section 46 **アイコンを挿入しよう** 136
アイコンを挿入する
アイコンの一部の色を変更する

Section 47 **SmartArtで図表を作ろう** 138
SmartArtを挿入する
SmartArtに文字を入力する

Section 48 **SmartArtの図形を増やそう** 140
同じレベルの図形を追加する
レベルの異なる図形を追加する

Section 49 **SmartArtのスタイルや色を変更しよう** 142
SmartArtのスタイルを変更する
SmartArtの色を変更する

Section 50 **テキストからSmartArtを作ろう** 144
テキストをSmartArtに変換する
SmartArtをテキストに変換する

Section 51 **SmartArtを図形に変換しよう** 146
SmartArtを図形に変換する
図形のサイズを個別に変更する

Section 52 **図形の書式を既定に設定しよう** 148
図形の書式を既定に設定する

第6章 表やグラフを挿入しよう

Section 53 **表を挿入しよう** 152
プレースホルダーから表を挿入する
[挿入] タブから表を挿入する
表にスタイルを設定する

Section 54 **表に文字を入力しよう** 156
セルに文字を入力する
文字の配置を調整する

Section 55 **行と列を選択／追加／削除しよう** 158
行／列を選択する

行／列を追加する

Section 56 **表のサイズや位置を調整しよう** 160
表のサイズを調整する
表の位置を調整する

Section 57 **行の高さや列の幅を調整しよう** 162
列の幅／行の高さを調整する
列の幅／行の高さを揃える

Section 58 **セルを結合／分割しよう** 164
セルを結合する
セルを分割する

Section 59 **罫線の種類や色を変更しよう** 166
罫線の種類と色を変更する

Section 60 **Excelの表を挿入しよう** 168
表をスライドのスタイルに合わせて貼り付ける
もとの書式を保持して貼り付ける
Excelとリンクした表を貼り付ける
リンク貼り付けした表を編集する

Section 61 **グラフの基本を知ろう** 172
作成できるグラフの種類
グラフの構成要素

Section 62 **グラフを挿入しよう** 174
グラフを挿入する
データを入力する

Section 63 **グラフ要素の表示項目を変更しよう** 176
グラフ要素の表示／非表示を切り替える
グラフにデータラベルを表示する

Section 64 **グラフの縦軸の設定を変更しよう** 180
縦軸の最小値と目盛の間隔を変更する

Section 65 **グラフのデザインを変更しよう** 182
グラフスタイルを変更する
グラフ全体の色を変更する

Section 66 **Excelのグラフを挿入しよう** 184
スライドの書式に合わせて貼り付ける
Excelとリンクしたグラフを貼り付ける

第7章　画像や動画を挿入しよう

Section 67 **画像を挿入しよう** 190
パソコンに保存してある画像を挿入する

Section 68 スクリーンショットを挿入しよう —————————————— 192
スクリーンショットを挿入する
指定した領域のスクリーンショットを挿入する

Section 69 画像の不要な部分をトリミングしよう —————————— 194
トリミングする
形状を決めてトリミングする

Section 70 画像を調整して見やすくしよう —————————————— 196
明るさやコントラストを調整する
シャープネスを調整する
アート効果を設定する

Section 71 画像の不要な背景を削除しよう —————————————— 200
画像の背景を削除する

Section 72 スタイルで画像の雰囲気を変えよう —————————— 202
スタイルを設定する
効果を設定する

Section 73 動画を挿入しよう —————————————————————— 204
パソコンに保存してある動画を挿入する

Section 74 動画の不要な部分をトリミングしよう —————————— 206
表示画面をトリミングする
動画の前後が再生されないようにする

Section 75 動画を調整して見やすくしよう —————————————— 210
明るさやコントラストを調整する
スタイルを設定する

Section 76 動画の音量を調整しよう —————————————————— 212
音量を調整する
音量を消して映像だけを流す

Section 77 動画に表紙を付けよう ————————————————— 214
表紙画像を設定する

Section 78 パソコンの画面操作を録画してスライドに挿入しよう —— 216
パソコンの画面操作を録画して挿入する

Section 79 オーディオを挿入しよう —————————————————— 218
パソコンに保存してあるオーディオを挿入する

Section 80 Webページのリンクを挿入しよう —————————————— 220
リンクを挿入する

Section 81 Word文書やPDF文書を挿入しよう ————————————— 222
Word文書を挿入する

Section 82 [動作設定ボタン]を挿入しよう —————————————— 224
[動作設定ボタン]を挿入する

12

第8章 アニメーションを利用しよう

目次

Section 83 スライド切り替え時の効果を設定しよう ············ 230
画面切り替え効果を設定する
効果のオプションを設定する
画面切り替え効果を確認する
画面切り替え効果を削除する

Section 84 画面切り替え効果の設定を変更しよう ············ 234
画面切り替え効果の速度とタイミングを設定する
スライドが切り替わるときに効果音を鳴らす

Section 85 テキストや図形にアニメーションを設定しよう ············ 236
テキストにアニメーション効果を設定する
アニメーション効果の方向を変更する
アニメーションのタイミングや速度を変更する
アニメーション効果を確認する

Section 86 テキストのアニメーションを変更しよう ············ 240
テキストを文字単位で表示する
一度に表示されるテキストのレベルを変更する

Section 87 SmartArtにアニメーションを設定しよう ············ 244
SmartArtにアニメーション効果を設定する
表示方法を変更する

Section 88 グラフにアニメーションを設定しよう ············ 246
グラフ全体にアニメーション効果を設定する
項目別にアニメーションを再生する

Section 89 軌跡に沿ってアニメーションを設定しよう ············ 250
アニメーションの軌跡を設定する
アニメーションの軌跡を自由に描く

Section 90 アニメーションをコピー&貼り付けしよう ············ 254
アニメーション効果をコピー／貼り付けする

Section 91 アニメーション効果の活用例 ············ 256
文字が浮かんで消えるようにする
文字を点滅させて強調する
オブジェクトを半透明にする
矢印が伸びるように表示させる
折れ線グラフの線を徐々に表示させる
円グラフを時計回りに表示させる

第9章 プレゼンテーションを実行しよう

Section 92 発表者用のメモをノートに入力しよう ···················· 262
ノートペインを表示してノートを入力する
ノート表示モードでノートを入力する

Section 93 スライド切り替えのタイミングを設定しよう ············· 266
リハーサルを行って切り替えのタイミングを設定する
スライドの表示時間を入力してタイミングを設定する

Section 94 発表者ツールを使ってプレゼンテーションを実行しよう ··· 270
発表者ツールを使用する
スライドショーを実行する

Section 95 プレゼンテーションを進行しよう ·························· 272
スライドショーを進行する

Section 96 実行中にペンで書き込みをしよう ······················ 274
スライドにペンで書き込む

Section 97 プレゼンテーション実行時の機能を活用しよう ··········· 276
発表中の音声を録音する
スライドの一部を拡大表示する
特定のスライドに表示を切り替える
スライドショーを自動的に繰り返す
必要なスライドだけを使ってスライドショーを実行する

Section 98 プレゼンテーション実行中のトラブルを解決しよう ······· 282
スライドショーが表示されない
アニメーションが再生されない
PowerPointの動作がおかしい
PowerPointが起動しなくなった
ファイルが開けなくなった

第10章 スライドやプレゼンテーションを共有しよう

Section 99 スライドを印刷しよう ································ 290
スライドを1枚ずつ印刷する
1枚に複数のスライドを配置して印刷する

Section 100 スライドとノートを一緒に印刷しよう ················ 294
ノートを印刷する

Section 101 スライドをPDF文書に変換しよう ·················· 296
PDFで保存する

Section 102　プレゼンテーションファイルをOneDriveで共有しよう 298

OneDriveにプレゼンテーションファイルを保存する
ファイルの共有を設定する
ほかの人から共有されたファイルを開く

Section 103　プレゼンテーションを録画した動画を作ろう 302

プレゼンテーションを記録する
ビデオをエクスポートする
ビデオを再生する

Appendix 01　Office画面をカスタマイズしよう 308

Appendix 02　リボンをカスタマイズしよう 310

Appendix 03　クイックアクセスツールバーをカスタマイズしよう 312

索引 316

ご注意：ご購入・ご利用の前に必ずお読みください

● 本書に記載された内容は、情報提供のみを目的としています。したがって、本書を用いた運用は、必ずお客様自身の責任と判断によって行ってください。これらの情報の運用の結果について、技術評論社および著者はいかなる責任も負いません。

● ソフトウェアに関する記述は、特に断りのないかぎり、2025年3月現在での最新情報をもとにしています。これらの情報は更新される場合があり、本書の説明とは機能内容や画面図などが異なってしまうことがあり得ます。あらかじめご了承ください。

● 本書の内容は、以下の環境で制作し、動作を検証しています。使用しているパソコンによっては、機能内容や画面図が異なる場合があります。
　・Windows 11
　・PowerPoint 2024

● インターネットの情報については、URLや画面などが変更されている可能性があります。ご注意ください。

以上の注意事項をご承諾いただいた上で、本書をご利用願います。これらの注意事項をお読みいただかずに、お問い合わせいただいても、技術評論社および著者は対処しかねます。あらかじめご承知おきください。

■本書に掲載した会社名、プログラム名、システム名などは、米国およびその他の国における登録商標または商標です。本文中では™、®マークは明記していません。

パソコンの基本操作

- 本書の解説は、基本的にマウスを使って操作することを前提としています。
- お使いのパソコンのタッチパッド、タッチ対応モニターを使って操作する場合は、各操作を次のように読み替えてください。

① マウス操作

クリック（左クリック）

クリック（左クリック）の操作は、画面上にある要素やメニューの項目を選択したり、ボタンを押したりする際に使います。

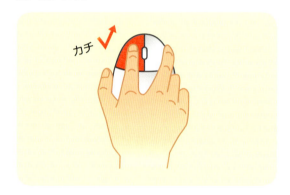

マウスの左ボタンを1回押します。

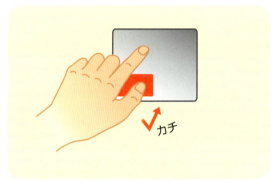

タッチパッドの左ボタン（機種によっては左下の領域）を1回押します。

右クリック

右クリックの操作は、操作対象に関する特別なメニューを表示する場合などに使います。

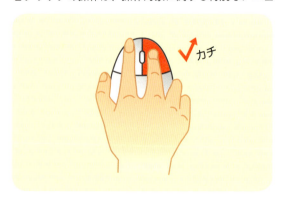

マウスの右ボタンを1回押します。

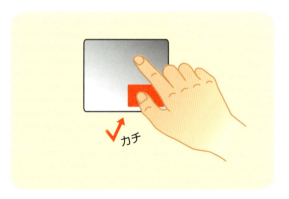

タッチパッドの右ボタン（機種によっては右下の領域）を1回押します。

ダブルクリック

ダブルクリックの操作は、各種アプリを起動したり、ファイルやフォルダーなどを開く際に使います。

マウスの左ボタンをすばやく2回押します。

タッチパッドの左ボタン（機種によっては左下の領域）をすばやく2回押します。

ドラッグ

ドラッグの操作は、画面上の操作対象を別の場所に移動したり、操作対象のサイズを変更する際などに使います。

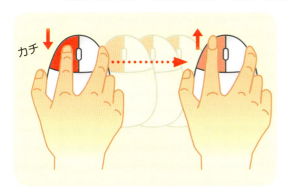

マウスの左ボタンを押したまま、マウスを動かします。目的の操作が完了したら、左ボタンから指を離します。

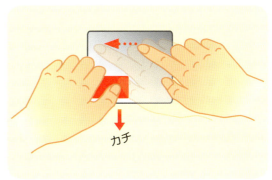

タッチパッドの左ボタン（機種によっては左下の領域）を押したまま、タッチパッドを指でなぞります。目的の操作が完了したら、左ボタンから指を離します。

> **解説　ホイールの使い方**
>
> ほとんどのマウスには、左ボタンと右ボタンの間にホイールが付いています。ホイールを上下に回転させると、Webページなどの画面を上下にスクロールすることができます。そのほかにも、Ctrl を押しながらホイールを回転させると、画面を拡大／縮小したり、フォルダーのアイコンの大きさを変えることができます。

パソコンの基本操作

❷ 利用する主なキー

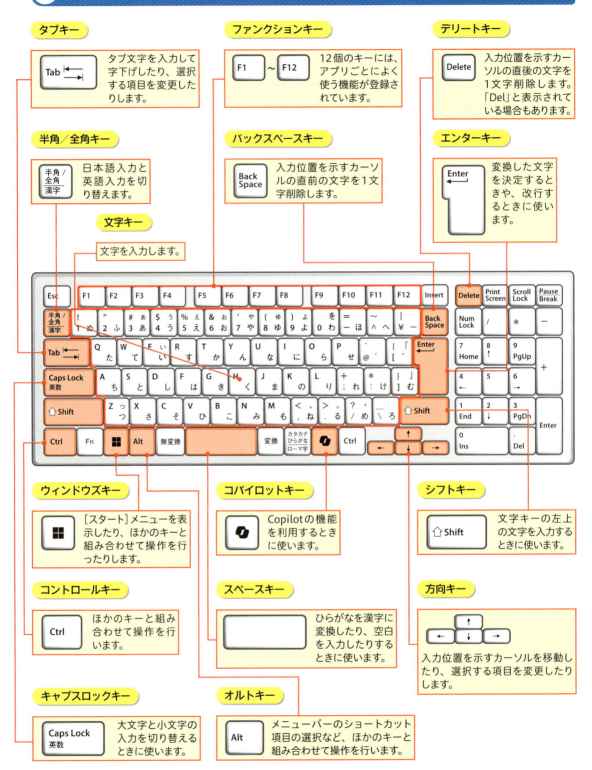

タブキー — タブ文字を入力して字下げしたり、選択する項目を変更したりします。

半角／全角キー — 日本語入力と英語入力を切り替えます。

文字キー — 文字を入力します。

ファンクションキー — 12個のキーには、アプリごとによく使う機能が登録されています。

バックスペースキー — 入力位置を示すカーソルの直前の文字を1文字削除します。

デリートキー — 入力位置を示すカーソルの直後の文字を1文字削除します。「Del」と表示されている場合もあります。

エンターキー — 変換した文字を決定するときや、改行するときに使います。

ウィンドウズキー — [スタート]メニューを表示したり、ほかのキーと組み合わせて操作を行ったりします。

コパイロットキー — Copilotの機能を利用するときに使います。

シフトキー — 文字キーの左上の文字を入力するときに使います。

コントロールキー — ほかのキーと組み合わせて操作を行います。

スペースキー — ひらがなを漢字に変換したり、空白を入力したりするときに使います。

方向キー — 入力位置を示すカーソルを移動したり、選択する項目を変更したりします。

キャプスロックキー — 大文字と小文字の入力を切り替えるときに使います。

オルトキー — メニューバーのショートカット項目の選択など、ほかのキーと組み合わせて操作を行います。

第 **1** 章

PowerPointの基本操作を知ろう

Section 01　PowerPointを起動しよう

Section 02　PowerPointの画面構成を知ろう

Section 03　PowerPointの表示モードを知ろう

Section 04　リボンの操作をマスターしよう

Section 05　プレゼンテーションを保存しよう

Section 06　プレゼンテーションを閉じよう

Section 07　保存したプレゼンテーションを開こう

Section 08　PowerPointを終了しよう

この章で学ぶこと

PowerPointの基本操作とプレゼンテーションを理解しよう

▶ PowerPointの文書と保存

●プレゼンテーションの作成

「プレゼンテーション」とは、製品の紹介や企画の提案、訴えかけたいテーマに沿った内容を、相手に効果的に説明するための手法のことです。
PowerPointは、図形や画像、グラフ、表などを多用した、わかりやすく見栄えのするプレゼンテーション用の資料をかんたんに作成できるアプリです。

PowerPointを起動して、新しいプレゼンテーションを作成します。

●プレゼンテーションの保存

作成したプレゼンテーションは、ファイルとして「名前を付けて保存」します。保存済みのプレゼンテーションを開いて編集したあと、同じ場所に同じファイル名で保存する場合は、「上書き保存」します。

保存場所とファイル名を指定して保存します。

PowerPointの操作と表示モード

●PowerPointの操作

PowerPointを操作するには、画面上部にあるリボンを利用します。プレゼンテーションを作成したり、文字を入力して体裁を整えたり、図表を作成したりといったさまざまな操作を、用途別に用意されたリボンのタブから目的のコマンドを選んで実行します。

●画面の表示モード

PowerPointには、「標準」「アウトライン表示」「スライド一覧」「ノート」「閲覧表示」の5つの表示モードが用意されています。通常の編集は「標準」、スライド全体の構成を確認しながら編集したいときは「アウトライン表示」というように、用途に応じて使い分けます。

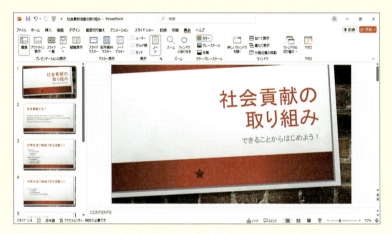

通常の編集は、初期設定の「標準」モードで行います。

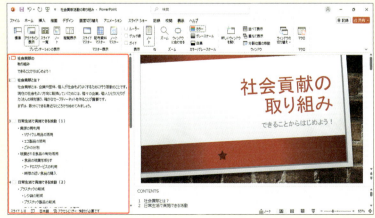

「アウトライン表示」モードは、スライド全体の構成を確認しながら編集したいときに利用します。

Section 01 PowerPointを起動しよう

ここで学ぶこと
・起動
・新しいプレゼンテーション
・タスクバー

PowerPointを起動するには、Windows 11のスタートメニューから[PowerPoint]をクリックし、表示されるスタート画面から目的の操作を選択します。タスクバーにPowerPointのアイコンを登録しておくと、すばやく起動できるようになります。

練習▶ファイルなし

① PowerPointを起動して新しいプレゼンテーションを作成する

ヒント

[PowerPoint]が表示されていない場合

PowerPointを起動するには右のように操作しますが、スタートメニューに[PowerPoint]が表示されていない場合は、スタートメニューで[すべて]をクリックして一覧を表示し、[P]のセクションにある[PowerPoint]をクリックします。なお、[すべて]で[PowerPoint]を右クリックし、[スタートにピン留めする]をクリックすると、スタートメニューに登録されます。

[すべて]を表示して[PowerPoint]をクリックします。

1 Windows 11を起動して、

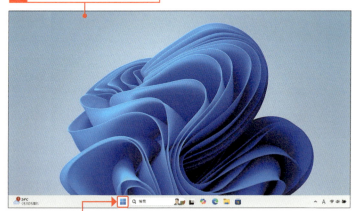

2 [スタート]をクリックすると、

3 スタートメニューが表示されます。

4 [PowerPoint]をクリックすると、

左の「ヒント」参照

補足

テーマやテンプレート

ここでは、白紙のプレゼンテーションを作成していますが、テーマやテンプレートを利用して、見栄えのするデザインのスライドを作成することもできます(44ページ参照)。

5 PowerPointが起動して、スタート画面が開きます。

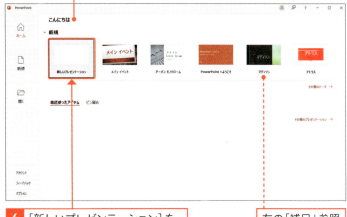

6 [新しいプレゼンテーション]をクリックすると、

左の「補足」参照

7 新しいプレゼンテーションが作成されます。

解説

画面の背景と色

画面の背景や色は自由に設定できます。設定を変更するには、[ファイル]タブの[その他](画面のサイズが大きい場合は不要)から[アカウント]をクリックします。アカウント画面が表示されるので、[Officeの背景]で背景の模様、[Officeテーマ]で画面の色を選択します。本書では、それぞれ「背景なし」「システム設定を使用する」に設定しています(308ページ参照)。

② タスクバーからすばやく起動できるようにする

解説

タスクバーにピン留めする

タスクバーにPowerPointのアイコンをピン留めしておくと、スタートメニューを開かなくても、アイコンをクリックするだけですばやく起動することができます。

1 PowerPointを起動した状態で、タスクバーのアイコンを右クリックし、

2 [タスクバーにピン留めする]をクリックします。

Section 02 PowerPointの画面構成を知ろう

ここで学ぶこと
・画面構成
・スライド
・プレゼンテーション

PowerPointの基本画面は、機能を実行させるための**リボン**（**タブ**で切り替わるコマンドの領域）と、プレゼンテーションを作成／編集するための**スライドウィンドウ**、スライドの縮小画像が表示される**サムネイルウィンドウ**で構成されています。

練習▶ファイルなし

1 PowerPointの基本的な画面構成

PowerPointの基本的な作業は、下図の画面で行います。なお、パソコンの画面サイズやPowerPointのウィンドウサイズによっては、リボンのコマンドの表示内容が異なります。また、PowerPointのバージョンやお使いの環境によって、画面構成が異なる場合があります。

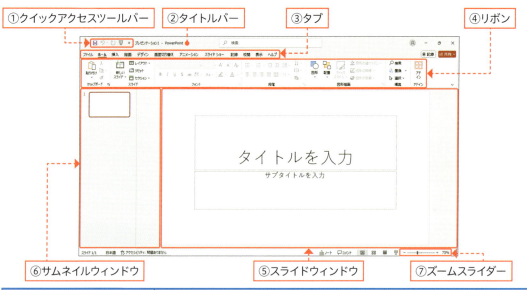

名称	機能
①クイックアクセスツールバー	頻繁に使うコマンドが表示されています。コマンドの追加や削除などもできます。
②タイトルバー	現在作業中のファイルの名前が表示されます。
③タブ	名前の部分をクリックしてタブを切り替えます。
④リボン	コマンドを一連のタブに整理して表示します。
⑤スライドウィンドウ	スライドを作成／編集するエリアです。
⑥サムネイルウィンドウ	すべてのスライドのサムネイル（縮小画像）が表示されるエリアです。
⑦ズームスライダー	スライドの表示倍率を変更します。

② プレゼンテーションの構成

PowerPointでは各ページを「スライド」といい、タイトルや文字を入力したり、グラフや画像などを挿入したりするための枠（プレースホルダー）が用意されています。スライドの集まりから作成される1つのファイルを「プレゼンテーション」といいます。

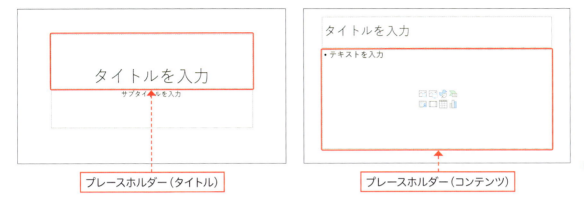

③ ［ファイル］タブ

［ファイル］タブは、ほかのタブとは異なり、PowerPointのファイルを扱う基本画面です（Backstageビューともいいます）。ファイルを開いたり、保存したり、印刷したりといった操作メニューと、PowerPointの操作に関するさまざまなオプションを設定できる機能が用意されています。

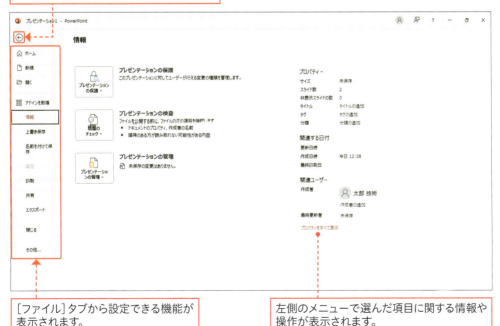

Section 03 PowerPointの表示モードを知ろう

ここで学ぶこと
- 標準表示
- 表示モード
- スライド表示の切り替え

PowerPointには、5種類の**表示モード**が用意されており、用途に応じて使い分けることができます。ここでは、それぞれの表示モードの違いを確認しておきましょう。また、**スライドの表示を切り替える**方法も覚えておきましょう。

練習▶ファイルなし

1 5つの表示モード

重要用語

表示モード

PowerPointには、「標準」「アウトライン表示」「スライド一覧」「ノート」「閲覧表示」の5つの表示モードが用意されています。初期の状態では「標準」で表示されます。

▶ 標準表示モード

スライドウィンドウとサムネイルウィンドウが表示されます。
通常のスライドの編集はこのモードで行います。

解説

表示モードを切り替える

表示モードは、[表示]タブの[プレゼンテーションの表示]グループにあるコマンドで切り替えることができます。また、「アウトライン表示」以外は、ステータスバーの右側にあるコマンドをクリックして切り替えることもできます。

▶ アウトライン表示モード

画面左側にすべてのスライドのテキストだけが表示されます。
プレゼンテーション全体の構成を確認しながら編集する際に便利です。

解説

スライドの表示を切り替える

標準表示モードでは、画面左側の「サムネイルウィンドウ」に、プレゼンテーションを構成するスライドのサムネイル（縮小画像）が表示されます。サムネイルをクリックすると、スライドウィンドウにそのスライドが表示されます。

▶ スライド一覧表示モード

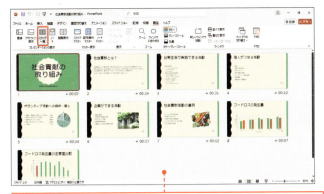

プレゼンテーション全体の構成を確認したり、スライドの移動や各スライドの表示時間を確認したりするときに便利です。

▶ ノート表示モード

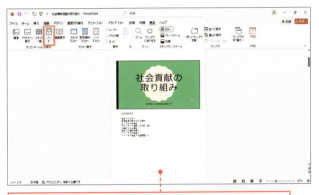

発表者用のメモを入力したり、確認／編集したりできます。

▶ 閲覧表示モード

スライドショーをPowerPointのウィンドウで再生できます。

重要用語

ノート

「ノート」は、スライドショーの実行中に発表者用のメモとして利用したり、スライドと一緒に印刷して配布資料として利用したりするものです（262、294ページ参照）。

Section 04 リボンの操作をマスターしよう

ここで学ぶこと
・リボン
・コマンド
・グループ

PowerPointでは、ほとんどの操作を**リボン**に表示されている**コマンド**から実行します。目的の**タブ**をクリックすることでリボンを切り替えます。また、リボンの表示／非表示を切り替えることもできます。

 練習▶ファイルなし

1 リボンを操作する

解説

リボンを切り替えて機能を実行する

リボンの中には、コマンドが用途別の「グループ」に分かれて配置されています。各グループのコマンドをクリックすることによって、機能を実行したり、メニューやダイアログボックス、作業ウィンドウなどを表示したりして機能を実行します。

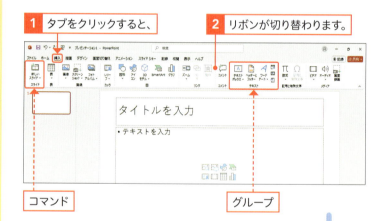

1 タブをクリックすると、
2 リボンが切り替わります。
コマンド　　グループ

補足

コマンドの表示

タブのグループやコマンドの表示内容は、ウィンドウのサイズによって変わります。ウィンドウの幅が狭いと、リボンが縮小して、以下のようにグループにまとめて表示されます。

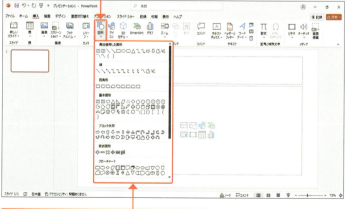

3 コマンドをクリックして、ドロップダウンメニューが表示されたときは、
4 メニューから目的の機能をクリックします。

② リボンの表示／非表示を切り替える

解説

リボンを表示／非表示する

リボンを折りたたむ(非表示にする)と、タブの名前の部分のみが表示され、ウィンドウが広く使えます。リボンが常に表示された状態に戻すには、右の手順で操作します。また、いずれかのタブをダブルクリックしても、もとの表示に戻ります。

ショートカットキー

リボンの表示／非表示

補足

画面が異なる場合

お使いのPowerPointのバージョンによっては、リボンの表示／非表示の方法が異なる場合があります。リボンの右端に［リボンを折りたたむ］∧が表示される場合は、∧をクリックするとリボンが折りたたまれます。いずれかのタブをダブルクリックすると、もとの表示に戻ります。

リボンを折りたたむ

---

1 ［リボンの表示オプション］をクリックして、

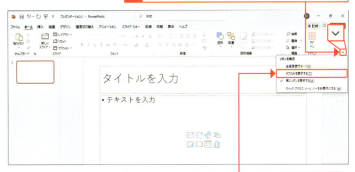

2 ［タブのみを表示する］をクリックすると、

3 リボンが折りたたまれ、タブの名前の部分のみが表示されます。

4 いずれかのタブをクリックして、

5 ［リボンの表示オプション］をクリックし、

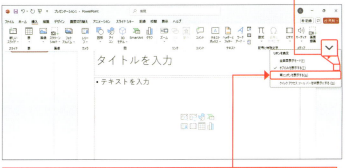

6 ［常にリボンを表示する］をクリックすると、もとの表示に戻ります。

③ ダイアログボックスを表示する

ダイアログボックスを表示する

ダイアログボックスは、リボンに表示されていない機能を補足し、詳細な設定が行える画面です。右下に が表示されているグループには、グループ専用のダイアログボックスが用意されています。

1 いずれかのタブをクリックして、

2 グループの右下にあるここをクリックすると、

3 そのグループに関連するダイアログボックスが表示され、詳細な設定を行うことができます。

作業ウィンドウ

詳細を設定する画面には、ダイアログボックスのほか、画面の左側（または右側）に表示される「作業ウィンドウ」があります（69ページの「解説」参照）。

補足　PowerPointのオプション

PowerPointの全体的な機能の設定は、［ファイル］タブの［その他］（画面のサイズが大きい場合は不要）から［オプション］をクリックすると表示される［PowerPointのオプション］ダイアログボックスで行います。
PowerPointを操作するための一般的なオプションのほか、リボンやクイックアクセスツールバーのカスタマイズ、アドインの管理やセキュリティに関する設定など、PowerPoint全体に関する詳細な設定を行うことができます。

タブをクリックすると、右側に設定項目が表示されます。

④ 作業に応じたタブが表示される

🗨 解説

タブは作業に応じて変化する

PowerPointの初期設定では、通常12個のタブが配置されています。そのほかのタブは、作業に応じて必要なタブが追加表示されます。

1 画像を挿入して選択すると、

2 ［図の形式］タブが追加表示されます。

3 表を作成して選択すると、

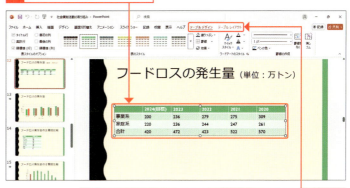

4 ［テーブルデザイン］と［テーブルレイアウト］タブが追加表示されます。

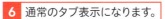

5 画像の選択や表の選択を解除すると、

6 通常のタブ表示になります。

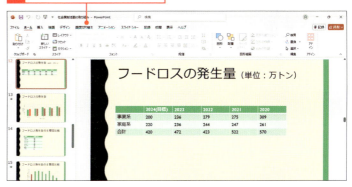

補足

作業に応じて表示されるタブ

作業に応じて表示されるタブには、右のほかにも、図を作成すると［図形の書式］タブが、グラフを作成すると［グラフのデザイン］と［書式］タブが表示されます。ただし、対象を選択していないとこれらのタブは表示されません。

Section 05 プレゼンテーションを保存しよう

ここで学ぶこと
- 名前を付けて保存
- 上書き保存
- ファイルの拡張子

作成したプレゼンテーションは、あとから利用できるように**名前を付けて保存**します。保存済みのプレゼンテーションを開いて編集したあと、同じ場所に同じファイル名で保存する場合は、**上書き保存**します。

 練習▶ファイルなし

1 名前を付けて保存する

解説
名前を付けて保存する

作成したプレゼンテーションは、PowerPointファイルとして保存して、作成内容が失われないようにします。初めてファイルを保存する場合は、保存場所を指定して、名前を付けて保存します。

補足
OneDriveに保存する

ファイルをインターネット上に保存する場合は、手順 3 で[OneDrive-個人用]をクリックします。インターネット上にファイルを保存すると、Webブラウザーを経由して、どこからでもアクセスが可能になります（298ページ参照）。

ショートカットキー
名前を付けて保存

F12

1 [ファイル]タブをクリックして、

2 [名前を付けて保存]をクリックし、

3 [参照]をクリックします。

ファイルの拡張子

「拡張子」とは、作成されたアプリを識別するために、ファイル名の後ろに付けられる文字のことです。PowerPointの拡張子は「.pptx」です。通常は非表示になっていますが、表示する場合は、エクスプローラーを開いて、[表示]→[表示]→[ファイル名拡張子]をクリックしてオンにします。

4 保存場所を指定して、

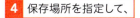

5 ファイル名を入力し、

6 [保存]をクリックすると、

7 プレゼンテーションが保存され、タイトルバーにファイル名が表示されます。

② 上書き保存する

解説

上書き保存する

プレゼンテーションを変更して、最新の内容のみを更新することを「上書き保存」といいます。[ファイル]タブをクリックして、[上書き保存]をクリックしても上書き保存ができます。

ショートカットキー

上書き保存

[Ctrl]+[S]

1 既存のファイルを開いて編集したあと、[上書き保存]をクリックすると、

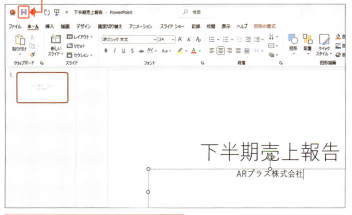

2 ファイルが上書き保存されます。

05 プレゼンテーションを保存しよう

1 PowerPointの基本操作を知ろう

33

Section

06 プレゼンテーションを閉じよう

ここで学ぶこと
・閉じる
・終了
・保存

プレゼンテーションを保存したら、ほかの作業を行うために、**プレゼンテーションを閉じます**。プレゼンテーションを閉じても、PowerPointは起動したままなので、作業を続けることができます。

練習▶ファイルなし

1 プレゼンテーションを閉じる

解説

プレゼンテーションを閉じる

複数のプレゼンテーションを開いている場合は、右の操作を行うと、現在作業中のプレゼンテーションだけが閉じます。

1 [ファイル]タブをクリックして、

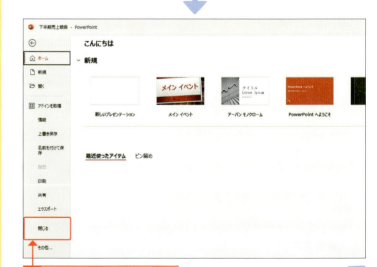

2 [閉じる]をクリックすると、

補足

画面のサイズが小さい場合

画面のサイズが小さい場合は、手順2で[その他]をクリックして、[閉じる]をクリックします。

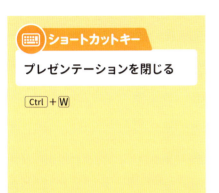

ショートカットキー
プレゼンテーションを閉じる

Ctrl + W

3 作業中のプレゼンテーションが閉じます。

補足　プレゼンテーションを保存していない場合

プレゼンテーションの作成や編集をしていた場合、保存しないでPowerPointを閉じようとすると、左下図が表示されます。保存する場合は、ファイル名を入力して保存場所を指定し、[保存]をクリックします。保存せずに終了する場合は[保存しない]、閉じずに編集に戻る場合は[キャンセル]をクリックします。

また、一度保存したプレゼンテーションを開いて編集したあと、保存せずに閉じようとすると、右下図が表示されます。変更内容を保存する場合は[保存]をクリックします。

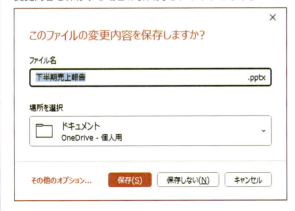 

解説　複数のプレゼンテーションを開いている場合

複数のプレゼンテーションを開いているとき、現在開いている画面とは別のプレゼンテーションを閉じたい場合は、タスクバーのPowerPointのアイコンを利用します。アイコンにマウスポインターを合わせると、開いているウィドウのサムネイルが表示されるので、閉じたい画面の ✕ をクリックします。

2 閉じたいプレゼンテーションのここをクリックします。

1 アイコンにマウスポインターを合わせて、

Section 07 保存したプレゼンテーションを開こう

ここで学ぶこと
・ファイルを開く
・最近使ったアイテム
・エクスプローラー

保存したプレゼンテーションを開くには、[ファイルを開く]ダイアログボックスで保存先を指定して、目的のファイルを指定します。最近使ったアイテムやエクスプローラーから開くこともできます。

練習▶ファイルなし

1 保存してあるプレゼンテーションを開く

🗨 解説
プレゼンテーションを開く

保存したプレゼンテーションを開くには、右の手順のように[ファイルを開く]ダイアログボックスを利用するほか、[最近使ったアイテム]やエクスプローラーから開く方法があります。

1 [ファイル]タブをクリックして、

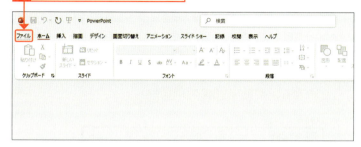

⏰ 時短
[最近使ったアイテム]から開く

[ファイル]タブから[開く]をクリックすると、これまでに開いたプレゼンテーションの履歴が[最近使ったアイテム]に表示されます。ここから、目的のプレゼンテーションをクリックして開くこともできます。[最近使ったアイテム]は表示制限数を超えると古い順から非表示になります。

2 [開く]をクリックし、

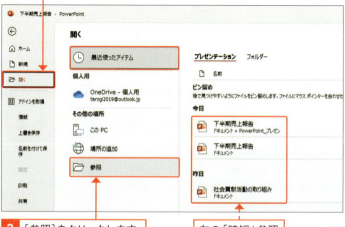

3 [参照]をクリックします。　　左の「時短」参照

⌨ ショートカットキー
[開く]画面を表示する

Ctrl + O

36

補足

エクスプローラーから開く

PowerPointを事前に起動していなくても、エクスプローラーを開き、保存先を指定して、目的のプレゼンテーションをダブルクリックすると、プレゼンテーションを開くことができます。

4 保存先を指定して、

5 目的のプレゼンテーションをクリックし、

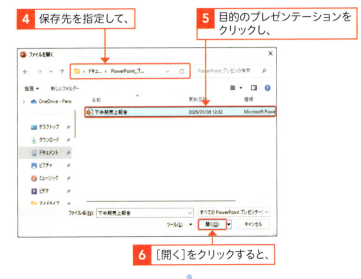

6 [開く]をクリックすると、

7 プレゼンテーションが開きます。

ショートカットキー

エクスプローラーを開く

⊞ + E

 **応用技** よく使うプレゼンテーションをピン留めする

よく使うプレゼンテーションは、すばやく開けるようにピン留めしておくと便利です。[ファイル]タブの[ホーム]や[開く]の[最近使ったアイテム]に表示されているファイル名にマウスポインターを合わせ、📌をクリックします。
また、タスクバーのPowerPointアイコンを右クリックして、ファイル名にマウスポインターを合わせ、📌をクリックすると、一覧の上部に固定することができます。

1 目的のプレゼンテーションにマウスポインターを合わせて、

2 このアイコンをクリックします。

Section 08 PowerPointを終了しよう

ここで学ぶこと
・終了
・閉じる
・保存

プレゼンテーションの作業が終了したら、画面右上の[閉じる]をクリックして、**PowerPointを終了**します。プレゼンテーションを保存しないでPowerPointを終了しようとすると、確認のメッセージが表示されます。

練習▶ファイルなし

1 PowerPointを終了する

解説

PowerPointを終了する

複数のプレゼンテーションを開いている場合は、[閉じる]をクリックしたプレゼンテーションだけが閉じます。タスクバーのPowerPointのアイコンを右クリックして[すべてのウィンドウを閉じる]をクリックすると、一度にウィンドウが閉じ、PowerPoint自体も終了します。

補足

プレゼンテーションを保存していない場合

プゼンテーションの作成や編集をしていた場合、保存しないでPowerPointを閉じようとすると、確認のメッセージが表示されます(35ページの「補足」参照)。

ショートカットキー

終了する

Alt + F4 / Ctrl + Q

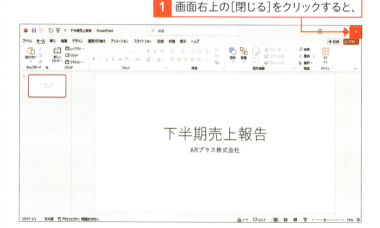

1 画面右上の[閉じる]をクリックすると、

2 PowerPointが終了して、デスクトップ画面が表示されます。

第 2 章

スライド作成の基本を覚えよう

Section 09	プレゼンテーション作成の流れを知ろう
Section 10	新しいプレゼンテーションを作成しよう
Section 11	タイトルスライドを作成しよう
Section 12	スライドを追加しよう
Section 13	スライドの内容を入力しよう
Section 14	スライドの順番を入れ替えよう
Section 15	スライドをコピー＆貼り付け／削除しよう
Section 16	操作をもとに戻そう／繰り返そう
Section 17	アウトライン機能でスライドを作成しよう

📖 この章で学ぶこと

スライドとプレゼンテーションの基本操作を知ろう

▶ プレゼンテーションを作成する

プレゼンテーションを作成するには、あらかじめ全体の構成（流れ）を決めることが大切です。どのような情報をどのような順番で伝えるのかを大まかに決めたら、実際に作成していきます。

初めに、プレゼンテーションの「テーマ」を設定します。最初は「タイトルスライド」だけが表示されるので、タイトルとサブタイトルを入力します。そのあとは、必要なスライドを追加し、タイトルとテキストを入力します。

テキストの入力が済んだら、書式を変更したり、図形や表、グラフなどのオブエクトを挿入したりして、スライドを完成させます。

2 スライド作成の基本を覚えよう

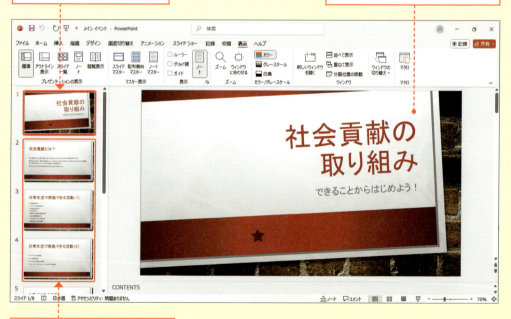

タイトルスライドに、タイトルとサブタイトルを入力します。

文字の入力はスライドウィンドウで行います。

スライドを追加し、各スライドのタイトルとテキストを入力します。

▶ スライドを編集する

スライドは、コピーや削除をしたり、順番を入れ替えたりすることができます。同じような内容のスライドを作成する場合は、コピーして利用すると効率よく編集できます。
スライド一覧表示モードを利用すると、プレゼンテーション全体を確認しながら、スライドの順番を入れ替えることができます。

スライド一覧表示モードで全体の構成を確認します。

スライドをドラッグすると、順番を入れ替えることができます。

▶ アウトライン機能でスライドを作成する

「アウトライン」とは、プレゼンテーション内の文章だけを階層構造で表示する機能のことです。
アウトライン表示モードでは、左側のウィンドウに各スライドのテキストだけが表示されるので、プレゼンテーション全体の構成を考えながら効率的にスライドを作成することができます。レベルを変更したり、スライドの内容を入れ替えたりすることもかんたんにできます。

アウトライン表示モードにして、各スライドのタイトルとテキストを入力します。

レベルを変更することもできます。

Section 09 プレゼンテーション作成の流れを知ろう

ここで学ぶこと
・新規プレゼンテーション
・スライド
・書式設定

本書でのプレゼンテーション作成の流れを確認しておきましょう。**テーマを選択**して、プレゼンテーションを作成したら、**スライドを追加**して**テキストを入力**します。続いて、**書式を設定**したり、**オブジェクトを挿入**したりして、完成させます。

 練習▶ファイルなし

1 新規プレゼンテーションを作成する

解説 新規プレゼンテーションの作成

作成するプレゼンテーションの内容に合ったデザイン(テーマとバリエーション)を選択して、新規プレゼンテーションを作成します。デザインは「テーマ」のほかに、「テンプレート」の一覧から選ぶこともできます。
なお、「テンプレート」とは、プレゼンテーションを作成する際のひな形となるファイルのことです。

「テーマ」と「バリエーション」を選択して、新規プレゼンテーションを作成します。

2 タイトルスライドを作成する

解説 タイトルスライドの作成

新規プレゼンテーションを作成すると、1枚の「タイトルスライド」が表示されます。タイトルスライドには、プレゼンテーションのタイトルとサブタイトルを入力します。

「タイトルスライド」に、プレゼンテーションのタイトルとサブタイトルを入力します。

③ スライドを追加して内容を入力する

💬 解説
**スライドの追加と
テキストの入力**

必要に応じてスライドを追加し、各スライドのタイトルとテキストを入力します。スライドを追加するときは、レイアウトを指定できます。

スライドを追加して、各スライドのタイトルとテキストを入力します。

④ 書式を設定する

💬 解説
書式の設定

文字を入力したあとは、必要に応じてフォントやフォントサイズ、色を変更したり、段落単位で書式を設定したりします。文字の書式設定については、第4章で解説します。

フォントやフォントサイズ、色などの書式を変更したり、スタイルを設定したりします。

⑤ 図形やグラフ、画像などを挿入する

💬 解説
オブジェクトの挿入

図形や表、グラフ、画像、動画などを挿入して、視覚的に見やすいスライドにします。オブジェクトの挿入については、第5章〜第7章で解説します。

グラフや表、画像などのオブジェクトを挿入します。

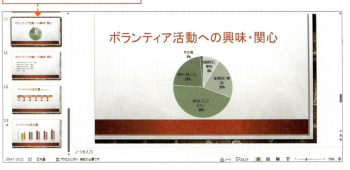

Section 10 新しいプレゼンテーションを作成しよう

ここで学ぶこと
・テーマ
・バリエーション
・スライドサイズ

新規プレゼンテーションを作成するには、最初にスライドのデザインを選択します。デザインやフォントが設定されたテーマと、テーマごとにカラーや背景の図柄などが異なるバリエーションが用意されています。

　練習▶ファイルなし

1 新規プレゼンテーションを作成する

解説
新規プレゼンテーションを作成する

ここでは、起動直後の画面から新規プレゼンテーションを作成していますが、すでにスライドを編集している状態から作成する場合は、[ファイル]タブをクリックして、[新規]をクリックし、テーマを選択します。

1 PowerPointを起動して、

ここに使いたいテーマがあればクリックします。

2 [その他のテーマ]をクリックし、

3 目的のテーマ(ここでは[メインイベント])をクリックします。

重要用語
テーマ

「テーマ」は、スライドの背景やフォント、効果、背景色などの組み合わせがあらかじめ設定されているデザインのひな形です。テーマを利用すると、デザイン性の高いプレゼンテーションをかんたんに作成することができます。テーマはあとから変更することもできます(66ページ参照)。

重要用語

バリエーション

「バリエーション」は、テーマのカラーや背景の図柄などをカスタマイズする機能です。バリエーションはあとから変更することもできます（67ページ参照）。

4 目的のバリエーションをクリックして、

5 [作成]をクリックすると、

6 新規プレゼンテーションが作成されます。

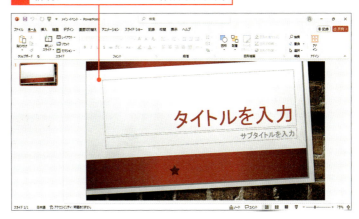

ショートカットキー

新規プレゼンテーションの作成

Ctrl + N

ヒント　スライドの縦横比を変更する

スライドは、ワイド画面に適した「16:9」の縦横比で作成されます。スライドサイズの縦横比を変更したい場合は、[デザイン]タブの[スライドのサイズ]をクリックして、[標準(4:3)]をクリックします。なお、[ユーザー設定のスライドのサイズ]をクリックすると、スライドのサイズを任意に設定できます。

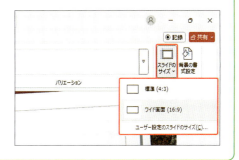

Section 11 タイトルスライドを作成しよう

ここで学ぶこと
・タイトルスライド
・プレースホルダー
・サブタイトル

新規プレゼンテーションを作成すると、タイトル用の**タイトルスライド**が1枚だけ表示されます。タイトルスライドの**プレースホルダー**に、プレゼンテーションの**タイトル**と**サブタイトルを入力**します。

練習▶11_タイトルスライド

1 プレゼンテーションのタイトルを入力する

解説

タイトルを入力する

タイトルスライドには、プレゼンテーションのタイトルとサブタイトルを入力するためのプレースホルダーが用意されています。プレースホルダー内をクリックすると、文字を入力することができます。

1 44ページで作成した新規プレゼンテーションを開きます。

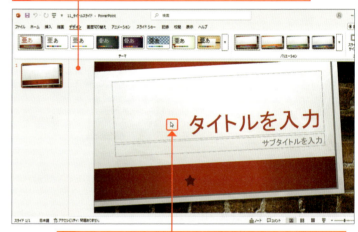

2 タイトル用のプレースホルダーの内側をクリックすると、

3 プレースホルダー内にカーソルが表示されます。

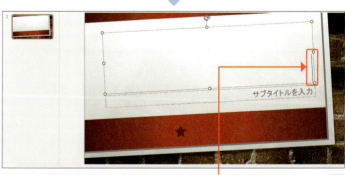

重要用語

プレースホルダー

「プレースホルダー」とは、スライド上に配置されている、タイトルやテキスト（文字列）、画像、表、グラフなどを挿入するための枠のことです。

補足　プレースホルダー内の改行

文字数が多くなると、自動的に複数行になります。任意の位置で改行したい場合は、Enter を押して改行します。

4 文字を入力して、

5 Enter を押すと、

6 改行されるので、

7 タイトルの続きを入力します。

ヒント　プレースホルダーを削除する

サブタイトルを入力しないなど、プレースホルダーが不要な場合は、プレースホルダーの枠線をクリックして選択し、Delete を押すと、プレースホルダーを削除できます。

8 サブタイトル用のプレースホルダーをクリックして、サブタイトルを入力します。

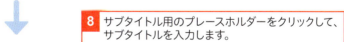

9 プレースホルダーの外をクリックすると、入力が完了します。

12 スライドを追加しよう

Section 12 スライドを追加しよう

ここで学ぶこと
・新しいスライド
・コンテンツ
・レイアウト

タイトルスライドが完成したら、次のスライドを追加します。**新しいスライド**から**レイアウトを指定**して挿入します。スライドにはさまざまなレイアウトが用意されているので、目的に合ったものを選びましょう。

 練習 ▶ 12_スライドの追加

① 新しいスライドを挿入する

解説

スライドを追加する

スライドは右の手順のほか、[挿入]タブの[新しいスライド]から追加することもできます。追加されるスライドは、スライドウィンドウで選択しているスライドの後ろに挿入されます。

1 サムネイルウィンドウのタイトルスライドをクリックします。

2 [ホーム]タブをクリックして、
3 [新しいスライド]の下部分をクリックし、

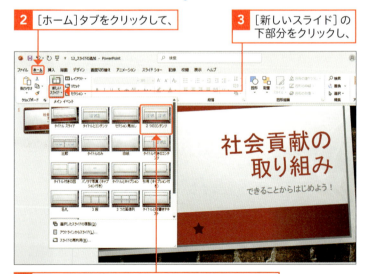

重要用語

コンテンツ

「コンテンツ」とは、スライドに配置するテキストや画像、図、表、グラフ、ビデオなどのことです。手順4でコンテンツが入ったレイアウトを選択すると、コンテンツを挿入できるプレースホルダーが配置されているスライドが挿入されます。

4 目的のレイアウト(ここでは[2つのコンテンツ])をクリックします。

時短
**前回追加したレイアウトの
スライドを挿入する**

［ホーム］タブの［新しいスライド］の上部分をクリックすると、前回選択したレイアウトのスライドが挿入されます。ただし、タイトルスライドのみの状態でクリックすると、［タイトルとコンテンツ］が挿入されます。

5 選択したレイアウトのスライドが挿入されます。

② スライドのレイアウトを変更する

解説
レイアウトを変更する

スライドのレイアウトは、スライドを追加したあとでも変更することができます。なお、テキストを入力したあとでもレイアウトは変更できますが、表示が乱れることがあるので注意しましょう。

1 変更したいスライドをクリックします。

2 ［ホーム］タブの［レイアウト］をクリックして、

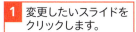
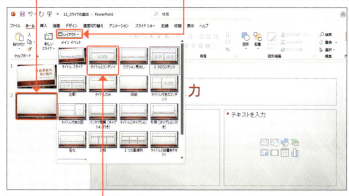

3 変更したいレイアウト（ここでは［タイトルとコンテンツ］）をクリックすると、

4 スライドのレイアウトが変更されます。

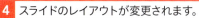

Section 13 スライドの内容を入力しよう

ここで学ぶこと
・タイトルを入力
・テキストを入力
・箇条書き

追加したスライドに、**タイトル**と**テキスト**を入力します。テキストは、**箇条書き**にすると、要点がわかりやすくなります。テキストを入力したら、順次必要なスライドを追加して、同様にテキストを入力していきます。

練習▶13_テキストの入力

① スライドのタイトルを入力する

解説

タイトルを入力する

「タイトルを入力」と表示されているプレースホルダーには、そのスライドのタイトルを入力します。プレースホルダー内をクリックするとカーソルが表示されるので、テキストを入力します。

1 タイトル用のプレースホルダー内をクリックすると、

2 カーソルが表示されるので、

3 タイトルを入力します。

② スライドのテキストを入力する

🗨 解説

テキストを入力する

「テキストを入力」と表示されているプレースホルダーには、その内容となるテキストを入力します。プレゼンテーションに設定されているテーマによっては、行頭に・や■などの箇条書きの行頭記号が付きます。

1 テキストを入力するプレースホルダー内をクリックして、テキストを入力します。

2 Enter を押すと、

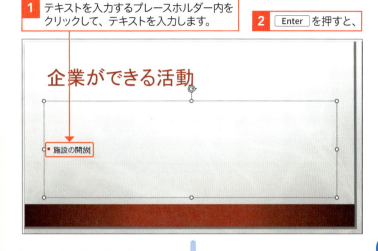

3 改行されるので、

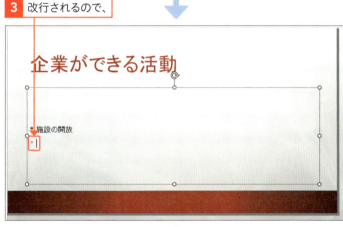

4 テキストを入力します。

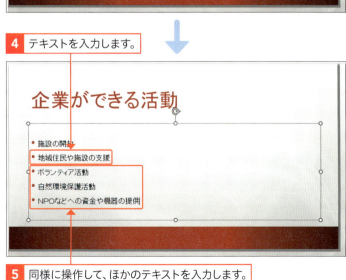

5 同様に操作して、ほかのテキストを入力します。

補足

書式の設定

入力したテキストは、必要に応じて、フォントの種類、サイズ、色などの書式を設定します。文字列の書式については、第4章で解説します。

Section 14 スライドの順番を入れ替えよう

ここで学ぶこと
・スライドの順番
・スライドの移動
・スライド一覧表示モード

スライドの順番は、自由に**入れ替える**ことができます。順番を変更するには、サムネイルウィンドウで目的のスライドの**サムネイルをドラッグ**するか、**スライド一覧表示モード**でスライドをドラッグします。

練習▶14_スライドの入れ替え

1 サムネイルウィンドウでスライドの順番を変更する

解説
スライドの順番を変える

スライドの順番を変えるには、サムネイルウィンドウまたはスライド一覧表示モードで、スライドのサムネイルをドラッグして移動します。

1 サムネイルウィンドウで、移動したいスライドのサムネイルにマウスポインターを合わせ、

2 目的の位置までドラッグすると、

3 スライドの順番が変わります。

複数のスライドを移動する

複数のスライドをまとめて移動するには、サムネイルウィンドウで [Ctrl] を押しながらスライドをクリックして選択し、目的の位置までドラッグします。

② スライド一覧表示モードでスライドの順番を変更する

💬 **解説**

スライド一覧表示モードを利用する

スライド一覧表示モードに切り替えると、標準表示モードよりもサムネイルのサイズが大きく、表示されるスライド数も多くなります。スライドを移動する際に、スライドの数が多い場合や移動先が離れている場合は、スライド一覧表示モードを利用するとよいでしょう。

1 ［表示］タブをクリックして、

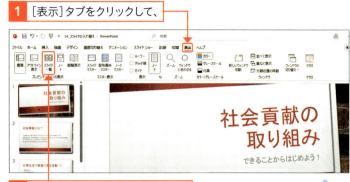

2 ［スライド一覧］をクリックします。

3 移動したいスライドのサムネイルにマウスポインターを合わせて、

4 目的の位置までドラッグすると、

5 スライドの順番が変わります。

Section 15 スライドをコピー＆貼り付け／削除しよう

ここで学ぶこと
・コピー／貼り付け
・複製
・削除

同じような内容のスライドを作成する場合は、スライドを**コピー／貼り付け**したり、**複製**したりして利用すると効率的です。また、スライドが不要になった場合は、**削除**しましょう。

練習▶15_スライドのコピーと貼り付け、削除

1 スライドをコピー／貼り付けする

解説
コピー／貼り付けと複製の違い

貼り付ける位置を指定したり、ほかのプレゼンテーションのスライドをコピーしたりする場合は、右のように［ホーム］タブの［コピー］と［貼り付け］を実行します。選択したスライドのすぐ下に同じスライドを挿入したい場合は、［複製］を利用すると1手順で終わるので便利です（下の「補足」参照）。

補足
スライドを複製する

スライドを複製する場合は、スライドを選択して、［ホーム］タブの［コピー］の ▼ をクリックし、［複製］をクリックします。

1 スライドのサムネイルをクリックして選択し、

2 ［ホーム］タブの［コピー］をクリックします。

3 貼り付けたい位置をクリックして、

4 ［貼り付け］をクリックすると、

5 スライドがコピーされます。

❷ スライドを削除する

💬 解説

スライドを削除する

スライドを選択して、Delete を押すと削除できます。スライドを削除すると、データは消去され、残ったスライドの番号が振り直されます。
また、削除したいスライドのサムネイルを右クリックして、[スライドの削除]をクリックしても、削除することができます。データを消去したくない場合は、スライドを非表示にするとよいでしょう（280ページ参照）。

1 削除したいスライドのサムネイルをクリックして選択し、

2 Delete を押すと、

3 スライドが削除されます。

✨ 応用技

複数のスライドを削除する

標準表示モードのサムネイルウィンドウやスライド一覧表示モードでは、複数のスライドを選択し、まとめて削除することができます。連続するスライドを選択するには、先頭のスライドをクリックして、Shift を押しながら最後のスライドをクリックします。離れた位置にある複数のスライドを選択するには、Ctrl を押しながらスライドをクリックします。

Section 16 操作をもとに戻そう／繰り返そう

ここで学ぶこと
- 元に戻す
- やり直し
- 繰り返し

誤った操作をやり直したい場合は、**元に戻す**や**やり直し**を使います。直前の操作だけでなく、複数の操作をまとめて取り消すこともできます。また、同じ操作を続ける場合は**繰り返し**を使うと効率的です。

練習▶16_元に戻す、繰り返す

1 操作をもとに戻す／やり直す

解説

操作をもとに戻す

直前の操作を取り消したい場合は、クイックアクセスツールバーの［元に戻す］を利用します。ただし、ファイルを閉じると、もとに戻すことはできなくなります。

応用技

複数の操作をもとに戻す

直前の操作だけでなく、最大20ステップ前までの操作をまとめて取り消すことができます。［元に戻す］ の をクリックし、表示される一覧から戻したい操作をクリックします。

1 プレースホルダーをクリックして選択し、

2 [Delete] を押して文字を削除します。

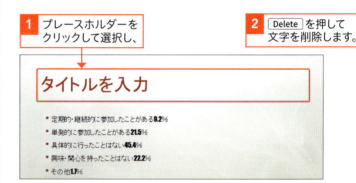

3 ［元に戻す］をクリックすると、

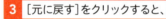

4 文字の削除が取り消され、もとに戻ります。

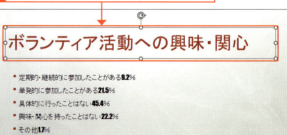

解説

操作をやり直す

[やり直し]は、[元に戻す]をクリックしたあとにのみ表示されます。ただし、ファイルを閉じると、やり直すことはできなくなります。

ショートカットキー

元に戻す／やり直し

- 元に戻す
  Ctrl + Z
- やり直し
  Ctrl + Y

2 操作を繰り返す

解説

操作を繰り返す

[繰り返し]は、書式設定、貼り付けなどの操作を行ったあとに表示されます。ただし、表の挿入やSmartArtグラフィックの挿入など、操作によっては繰り返しはできません。

ショートカットキー

繰り返し

Ctrl + Y ／ F4

---

5 文字を削除した操作を、[元に戻す]をクリックしてもとに戻しました。

6 [やり直し]をクリックすると、

7 もとに戻した操作が再度実行され、文字が削除されます。

1 タブを挿入したい位置にカーソルを移動して、

2 Tab を押してタブを挿入します。

3 タブを挿入したい位置にカーソルを移動して、

4 [繰り返し]をクリックすると、

5 直前の操作(タブの挿入)が適用されます。

Section 17 アウトライン機能でスライドを作成しよう

ここで学ぶこと
・アウトライン
・アウトライン表示モード
・レベル

アウトライン表示モードでは、左側のウィンドウに**各スライドのテキストだけが表示**されるので、全体の構成を考えながら効率的にスライドを作成することができます。ここでは、アウトライン機能の基本的な利用方法を解説します。

練習▶17_アウトライン

1 アウトライン表示モードに切り替える

解説
アウトライン機能でスライドを作成する

アウトライン表示モードでは、左側のウィンドウにすべてのスライドのタイトルとテキストが表示されます。そのためデザインや書式を意識せずに、プレゼンテーション全体の構成を考えながら効率的にスライドを作成することができます。

1 [表示]タブをクリックして、

2 [アウトライン表示]をクリックすると、

3 アウトライン表示モードに切り替わります。

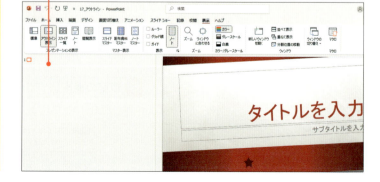

ヒント
標準表示モードに戻す

標準表示モードに戻すには、[表示]タブの[標準]をクリックするか、ステータスバーの[標準] をクリックします。

② 各スライドのタイトルを入力する

🗨 解説
新しいスライドを追加する

アウトライン表示モードでスライドを追加するには、左側のウィンドウにタイトルを入力したあとに Enter を押します。

1 スライドのアイコンの右側をクリックしてカーソルを移動します。

2 プレゼンテーションのタイトルを入力して、

3 Enter を押すと、

4 新しいスライドが追加されます。

5 スライドのタイトルを入力して、Enter を押します。

💡 ヒント

新しいスライドのレイアウト

2枚目以降に作成されるスライドには、使用頻度の高い[タイトルとコンテンツ]のスライドレイアウトが自動的に適用されます。レイアウトはあとから変更することもできます（49ページ参照）。

6 同様に操作してスライドを追加し、タイトルを入力します。

③ スライドのテキストを入力する

解説

スライドの内容（テキスト）を入力する

アウトライン表示モードでスライドの内容（テキスト）を入力するには、スライドのタイトルの行末にカーソルを移動して、Ctrlを押しながらEnterを押します。段落のレベルが下がるので、テキストを入力します。選択したテーマによっては、箇条書きが設定される場合もあります。

ヒント

同じレベルのテキストを入力する

アウトライン表示モードで同じレベルのテキストを入力するには、テキストの行末にカーソルを移動してEnterを押します。レベルはあとから変更できます。

補足

段落のレベルとスライドの文字要素の対応

手順③で設定した箇条書きは、スライドマスターで表示される文字要素の「マスターテキストの書式設定」に対応します。以下、レベルを下げるごとに、「第2レベル」、「第3レベル」、「第4レベル」…に対応します（76ページの図参照）。

---

1 スライドのタイトルの右側をクリックしてカーソルを移動し、

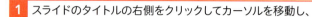

2 Ctrlを押しながらEnterを押すと、

3 段落のレベルが下がり、箇条書きが設定されます（左の「解説」参照）。

4 テキストを入力して、

5 Enterを押すと、

6 改行されます。

ヒント
段落を変えずに改行する

段落を変えずに改行したい場合は、目的の位置にカーソルを移動して、Shift を押しながら Enter を押します。

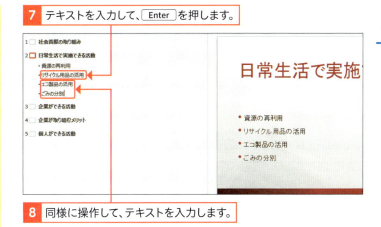

⑦ テキストを入力して、Enter を押します。

⑧ 同様に操作して、テキストを入力します。

④ レベルを下げる

解説
レベルを下げる

アウトライン表示モードで入力済みの段落のレベルを下げるには、段落を指定して、Tab を押します。1回押すごとにレベルが1つずつ下がります。
また、[ホーム]タブの[インデントを増やす] をクリックしても、レベルを下げることができます。

① レベルを下げたい段落をドラッグして選択し、

② Tab を押すと、

③ レベルが1つ下がります。

解説
レベルを上げる

アウトライン表示モードで入力済みの段落のレベルを上げるには、段落を指定して、Shift を押しながら Tab を押します。
また、[ホーム]タブの[インデントを減らす] をクリックしても、レベルを上げることができます。

⑤ テキストを折りたたむ／展開する

解説
テキストの表示／非表示を切り替える

アウトライン表示モードでは、すべてのスライドのテキストを非表示にして、タイトルだけを表示したり、テキスト部分をすべて表示したりすることができます。

1 いずれかのタイトルを右クリックして、［折りたたみ］のここにマウスポインターを合わせ、

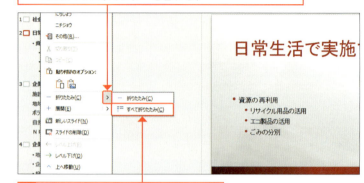

2 ［すべて折りたたみ］をクリックすると、

3 すべてのスライドのテキストが折りたたまれ、タイトルだけが表示されます。

補足
一部のスライドテキストの表示／非表示を切り替える

一部のテキストを非表示にしてタイトルだけを表示するには、スライドのアイコンをダブルクリックします。再度ダブルクリックすると、テキスト部分が表示されます。

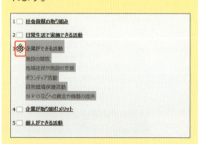

4 いずれかのタイトルを右クリックして、［展開］のここにマウスポインターを合わせ、

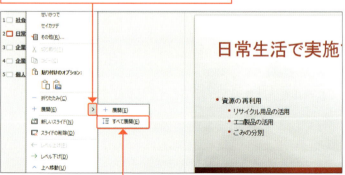

5 ［すべて展開］をクリックすると、

6 すべてのテキスト部分が表示されます。

第 **3** 章

スライドの
デザインを変えよう

Section 18 テーマを変更しよう

Section 19 テーマの配色や背景を変更しよう

Section 20 テーマのフォントを変更しよう

Section 21 スライドマスターの機能を知ろう

Section 22 すべてのスライドにロゴを入れよう

Section 23 すべてのスライドに会社名や日付を入れよう

この章で学ぶこと

デザインの変更機能を知ろう

▶ テーマでデザインを変更する

PowerPointには、プレゼンテーションのデザインをかんたんに作成できる機能として「テーマ」が用意されています。テーマには、配色パターン、タイトルと本文のフォントの組み合わせ、背景のスタイルなどがあらかじめ設定されています。そのまま利用したり、配色やフォントパターンだけを変更したり、オリジナルのものを作成したりすることができます。編集したテーマを保存すれば、繰り返し使用することもできます。

また、各テーマには、カラーや背景の図柄などが異なる「バリエーション」も用意されています。

●テーマ

●バリエーション

3 スライドのデザインを変えよう

▶ スライドマスターで全体の書式を変更する

すべてのスライドの書式を変更したり、すべてのスライドにロゴ画像を挿入したり、ヘッダー／フッターの配置などを一括して変更したりなど、プレゼンテーション全体にかかわる書式の変更は、「スライドマスター」を利用します。

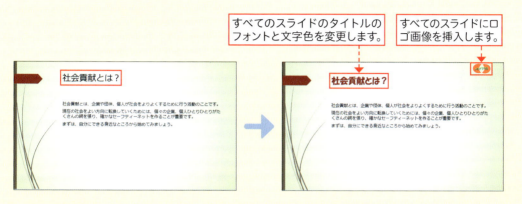

▶ すべてのスライドに日付やスライド番号を入れる

すべてのスライドに日付やスライド番号、会社名など任意の文字を挿入する場合は、［ヘッダーとフッター］ダイアログボックスを利用します。

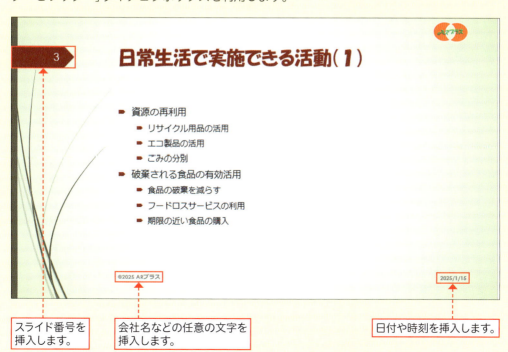

Section 18 テーマを変更しよう

ここで学ぶこと
・テーマ
・白紙のテーマ
・バリエーション

プレゼンテーションを作成したあとでも、**テーマを変更**することができます。内容や構成に合ったデザインに変更して、見やすいプレゼンテーションを作成しましょう。**バリエーションを変更**すると、カラーや背景の図柄などが変わります。

練習▶18_テーマの設定

1 テーマを変更する

解説 テーマを変更する

作成したプレゼンテーションのテーマを変更するには、再度テーマを選択し直します。ただし、テーマによっては、段落の配置が変わったり、図や画像などの位置がずれたりする場合があるので注意が必要です。

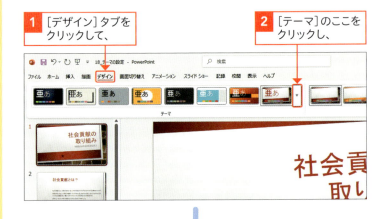

1 [デザイン] タブをクリックして、
2 [テーマ]のここをクリックし、

3 目的のテーマ(ここでは[ウィスプ])をクリックします。

左の「ヒント」参照

ヒント 白紙のテーマを適用する

カラーや画像などが使用されていないスライドにしたい場合は、手順 3 で[Officeテーマ]をクリックすると、白紙のテーマが適用されます。

特定のスライドだけ変更する

特定のスライドだけテーマを変更したいときは、変更したいスライドを選択した状態で、目的のテーマを右クリックし、[選択したスライドに適用]をクリックします。

4 テーマが変更されます。

2 バリエーションを変更する

解説

バリエーションを変更する

「バリエーション」は、テーマのカラーや背景の図柄などをカスタマイズする機能です。[デザイン]タブの[バリエーション]から設定します。

1 [デザイン]タブの[バリエーション]グループで、目的のバリエーションをクリックすると、

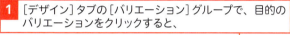

配色が変更される

テーマやバリエーションを変更すると、プレゼンテーションの配色も変更され、スライド上のテキストや図形の色が変更されます。ただし、テーマに設定されている配色以外の色を設定している場合は変更されません。

2 バリエーションが変更されます。

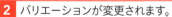
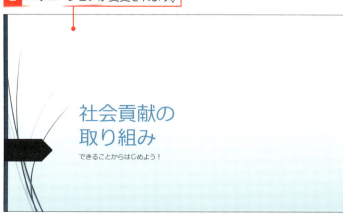

Section 19 テーマの配色や背景を変更しよう

ここで学ぶこと
・配色パターン
・背景のスタイル
・背景の画像の設定

テーマやバリエーションには、それぞれの**配色パターン**が用意されており、テーマは変更せずにスライドの**配色だけを変更**することができます。また、**背景のスタイル**で、背景の色やグラデーションなどを変更することもできます。

練習▶19_配色と背景の設定、19_photo.jpg

1 配色を変更する

解説

テーマの配色を変更する

テーマにはそれぞれの配色パターンが用意されており、[フォントの色](88ページ参照)や[図形の塗りつぶし](121ページ参照)などの色を設定するときの一覧に表示されます。配色パターンは変更することができ、プレゼンテーションの色使いを一括して変換したい場合などに利用できます。

補足

配色が一時的に適用される

手順3で配色パターンにマウスポインターを合わせると、配色が一時的に適用されて表示されます。イメージに合う配色が見つかるまで何度か試してみるとよいでしょう。

1 [デザイン]タブの[バリエーション]のここをクリックして、

2 [配色]にマウスポインターを合わせ、

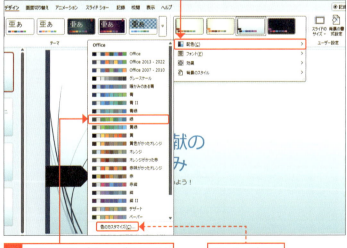

3 目的の配色パターン(ここでは[緑])をクリックすると、

71ページの「応用技」参照

> **解説**
>
> **特定のスライドだけ変更する**
>
> 特定のスライドだけ配色を変更したいときは、変更したいスライドを選択した状態で、目的の配色パターンを右クリックし、[選択したスライドに適用]をクリックします。

4 配色が変更されます。

② 背景のスタイルを変更する

> **解説**
>
> **背景のスタイルを変更する**
>
> スライドの背景の色やグラデーションなどは、変更することができます。目的のスタイルが一覧にない場合は、手順**3**で[背景の書式設定]をクリックすると表示される[背景の書式設定]作業ウィンドウで、塗りつぶしやグラデーションの色などを設定します。

1 [デザイン]タブの[バリエーション]のここをクリックして、

2 [背景のスタイル]にマウスポインターを合わせ、

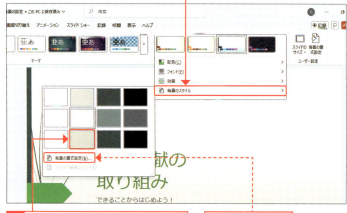

3 目的の背景のスタイル(ここでは[スタイル10])をクリックします。

左の「解説」参照

4 背景のスタイルが変更されます。

補足
スタイルが一時的に適用される

69ページの手順3で背景のスタイルにマウスポインターを合わせると、スタイルが一時的に適用されて表示されます。イメージに合うスタイルが見つかるまで何度か試してみるとよいでしょう。

③ スライドの背景に画像を設定する

解説
画像を挿入する

右の手順では、パソコンに保存されている画像を挿入していますが、手順5の［ストック画像］や［オンライン画像］、［アイコン］から挿入することもできます。

ヒント
すべてのスライドの背景に画像を設定する

すべてのスライドの背景に同じ画像を設定するには、［背景の書式設定］作業ウィンドウ下部の［すべてに適用］をクリックします。

ヒント
背景の設定を取り消す

背景に挿入した画像を取り消したいときは、［背景の書式設定］作業ウィンドウ下部の［背景のリセット］をクリックします。

1 ［デザイン］タブの［背景の書式設定］をクリックすると、

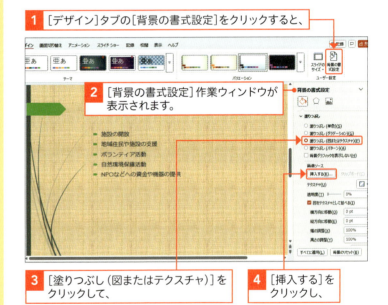

2 ［背景の書式設定］作業ウィンドウが表示されます。

3 ［塗りつぶし（図またはテクスチャ）］をクリックして、

4 ［挿入する］をクリックし、

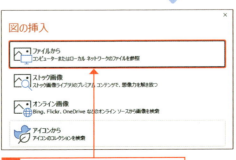

5 ［ファイルから］をクリックします。

補足

透明度を変更する

スライドの背景に画像を設定すると、文字が見づらくなることがあります。その場合は、画像を薄くするとよいでしょう。[背景の書式設定]作業ウィンドウで、[透明度]のルーラーをドラッグするか、数値を指定して調整します。

[透明度]を調整します。

6 画像の保存先を指定して、

7 目的の画像をクリックし、

8 [挿入]をクリックすると、

9 背景に画像が設定されます。

19 テーマの配色や背景を変更しよう

3 スライドのデザインを変えよう

応用技 オリジナルの配色パターンを作成する

配色パターンは、自分で自由に色を組み合わせてオリジナルのものを作成することができます。68ページの手順3で[色のカスタマイズ]をクリックすると、[テーマの新しい配色パターンを作成]ダイアログボックスが表示されるので、色を設定して、配色パターンの名前を入力し、[保存]をクリックします。

1 色を指定して、

2 配色パターンの名前を入力し、

3 [保存]をクリックします。

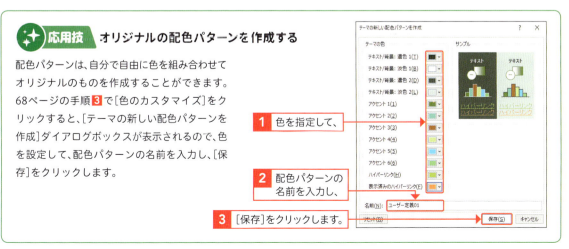

71

Section 20 テーマのフォントを変更しよう

ここで学ぶこと
・フォントパターン
・テーマのフォント
・フォントのカスタマイズ

テーマのフォントには、**英数字用**と**日本語用**があり、それぞれ**見出し**と**本文**を組み合わせた4種類のフォントパターンが用意されています。テーマのデザインは変えずに、フォントパターンだけを変更することができます。

練習▶20_フォントパターンの変更

1 フォントパターンを変更する

解説

テーマのフォントを変更する

テーマにはそれぞれのフォントパターンが用意されており、[ホーム]タブの[フォント](86ページ参照)の一覧に、[テーマのフォント]として表示されます。スライドのデザインは変えずに、見出しと本文のフォントの組み合わせだけを変更することができます。

1 [デザイン]タブをクリックして、

2 [バリエーション]のここをクリックします。

3 [フォント]にマウスポインターを合わせて、

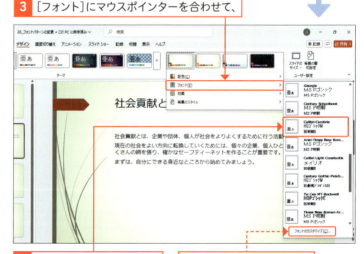

4 目的のフォントパターンをクリックすると、

73ページの「応用技」参照

5 フォントパターンが変更されます。

✨応用技　オリジナルのフォントパターンを作成する

オリジナルのフォントパターンを作成するには、72ページの手順4で［フォントのカスタマイズ］をクリックして、［新しいテーマのフォントパターンの作成］ダイアログボックスを表示します。英数字用と日本語文字用の見出しと本文のフォントをそれぞれ設定し、［名前］にフォントパターンの名前を入力して、［保存］をクリックします。なお、作成したフォントパターンを削除するには、手順4のフォントパターンを右クリックして、［削除］をクリックします。

1 それぞれのフォントを設定して、

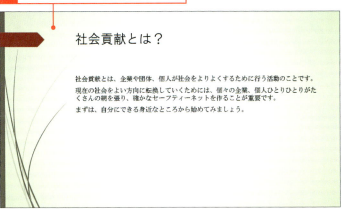

2 フォントパターンの名前を入力し、

3 ［保存］をクリックすると、

4 作成したフォントパターンが登録されます。

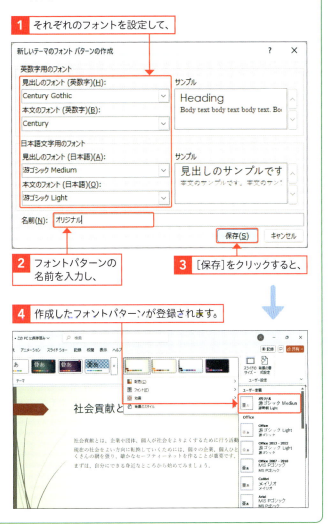

Section 21 スライドマスターの機能を知ろう

ここで学ぶこと
・スライドマスター
・レイアウトマスター
・テーマの保存

すべてのスライドの書式や、ヘッダー／フッターの配置などを**一括して変更**したいときは、**スライドマスター**を利用します。編集したスライドマスターを**テーマとして保存**しておくこともできます。

練習▶21_スライドマスター

1 スライドマスターとは

重要用語

スライドマスター

「スライドマスター」は、プレゼンテーション全体の書式やレイアウトを設定できる機能です。プレースホルダーのサイズや位置、配色やフォント、背景のスタイルなどを設定できるほか、すべてのスライドに画像を挿入することもできます。

スライドマスターを利用すると、スライドの書式を変更したり、ロゴ画像を挿入したりするなど、プレゼンテーション全体のスタイルをまとめて変更することができます。

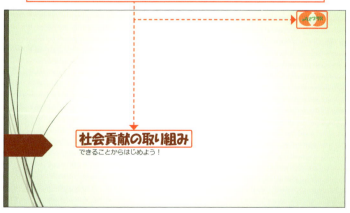

② スライドマスター表示に切り替える

解説
スライドマスター表示に切り替える

すべてのスライドの書式をまとめて変更するには、スライドマスター表示に切り替えます。スライドマスターで編集すると、作業時間を短縮できるだけでなく、編集ミスも防ぐことができます。

1 ［表示］タブをクリックして、

2 ［スライドマスター］をクリックすると、

3 スライドマスター表示に切り替わります。

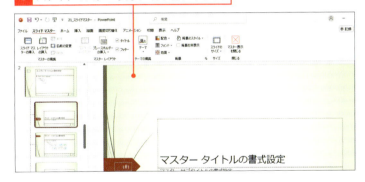

補足　スライドマスターとレイアウトマスター

スライドマスター表示に切り替えると、ウィンドウ左側に、全体を管理する「スライドマスター」が表示され、その下には各スライドレイアウトを管理する「レイアウトマスター」が表示されます。大部分の変更は、「スライドマスター」を編集すれば全体に反映されますが、タイトルスライドへの画像の挿入など、一部反映されないものもあります。その場合は、目的のスライドレイアウトを選択して編集します。

スライドマスター

レイアウトマスター

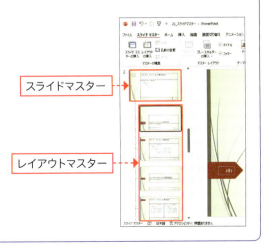

③ スライドマスターで書式を変更する

解説

スライドマスターを編集する

右の手順では、プレゼンテーション全体に関するスライドタイトルの書式を変更するため、左側のサムネイルウィンドウで「スライドマスター」を選択しています。

1 「スライドマスター」をクリックして、

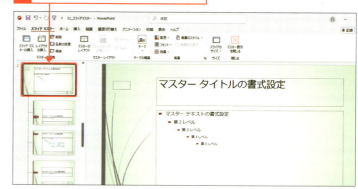

2 ［ホーム］タブのコマンドを使って、スライドタイトルのフォントとフォントの色を変更します。

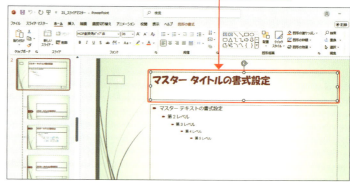

3 ［スライドマスター］タブをクリックして、

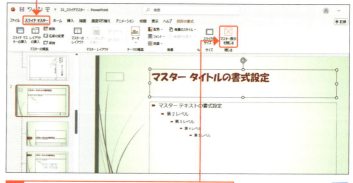

補足

フォントとフォントの色の変更

右の手順 **2** では、フォントとフォントの色を変更しています。フォントの変更については86ページ、フォントの色の変更については88ページを参照してください。

4 ［マスター表示を閉じる］をクリックすると、

標準表示モードで確認する

スライドマスターの編集が終わったら、スライドマスター表示を閉じます。各スライドを表示すると、書式が変更されていることが確認できます。

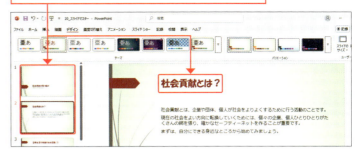

5 すべてのスライドの書式が変更されていることが確認できます。

応用技 編集したスライドマスターを保存する

編集したスライドマスターは、右の手順でテーマとして保存しておくことができます。
保存したテーマは、[デザイン]タブの[テーマ]の一覧に[ユーザー定義]として表示されるので、ほかのプレゼンテーションでも利用することができます。
なお、保存したテーマを削除するには、[テーマ]の一覧で目的のテーマを右クリックして[削除]をクリックし、[はい]をクリックします。

1 [デザイン]タブをクリックして、
2 [テーマ]グループのここをクリックし、
3 [現在のテーマを保存]をクリックします。
4 保存場所はそのまま変更せずに、
5 テーマの名前を入力し、
6 [保存]をクリックします。

Section 22 すべてのスライドにロゴを入れよう

ここで学ぶこと
・画像の挿入
・画像の移動
・画像のサイズ調整

すべてのスライドに**ロゴ画像**を挿入したいときは、**スライドマスター**を利用して、**画像を挿入**します。スライドマスターに挿入した画像は、標準表示モードでは選択できないため、移動や削除などは、スライドマスター表示で行います。

練習▶22_ロゴの挿入、22_logo04.png

1 ロゴの画像ファイルを挿入する

解説 画像ファイルを挿入する

ロゴ画像をすべてのスライドに表示するには、スライドマスター表示に切り替えて、画像ファイルを挿入します。

1 [表示]タブの[スライドマスター]をクリックします。

2 「スライドマスター」をクリックして、

3 [挿入]タブの[画像]をクリックし、

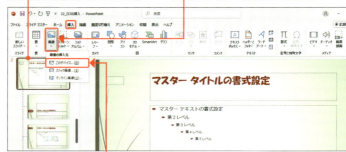

4 [このデバイス]をクリックします。

5 ファイルの保存場所を指定して、

6 目的の画像をクリックし、

7 [挿入]をクリックすると、

ヒント
画像の位置とサイズを調整する

挿入した画像にマウスポインターを合わせてドラッグすると、位置を変更できます。また、画像の周囲に表示されるハンドルをドラッグすると、サイズを変更できます（114、116ページ参照）。

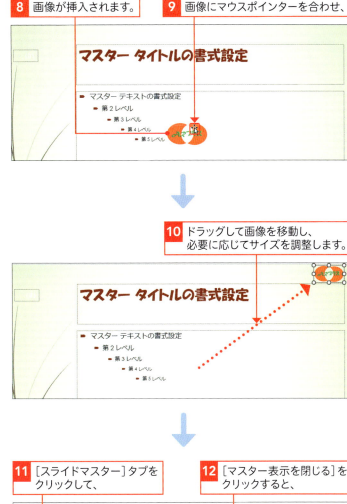

8 画像が挿入されます。

9 画像にマウスポインターを合わせ、

10 ドラッグして画像を移動し、必要に応じてサイズを調整します。

11 [スライドマスター]タブをクリックして、

12 [マスター表示を閉じる]をクリックすると、

注意
テーマによってはレイアウトマスターも編集する

使用しているテーマによっては、「スライドマスター」に画像を挿入しても、タイトルスライドなど、一部のスライドレイアウトに画像が表示されないことがあります。その場合は、該当するスライドレイアウトの「レイアウトマスター」にも画像を挿入します。

13 すべてのスライドに画像が挿入されていることを確認できます。

Section 23 すべてのスライドに会社名や日付を入れよう

ここで学ぶこと
・ヘッダーとフッター
・スライド番号
・セクション

すべてのスライドに会社名や日付、スライド番号を挿入したいときは、[ヘッダーとフッター]ダイアログボックスを利用します。フッターやスライド番号をタイトルスライドに表示させないようにすることもできます。

練習▶23_フッターの挿入

1 スライドにフッターを追加する

解説
スライドにフッターを追加する

スライド番号や会社名、日付などの要素を挿入するには、[挿入]タブの[ヘッダーとフッター]をクリックして、[ヘッダーとフッター]ダイアログボックスで情報を指定します。

ヒント
日付を自動更新する

ここでは、任意の日付を設定していますが、ファイルを開いた日付を自動的に表示するには[自動更新]を選択します。

① [自動更新]をクリックして、
② 言語やカレンダーを選択し、
③ 表示形式を選択します。

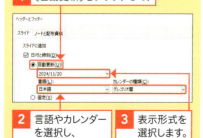

① [挿入]タブをクリックして、
② [ヘッダーとフッター]をクリックします。

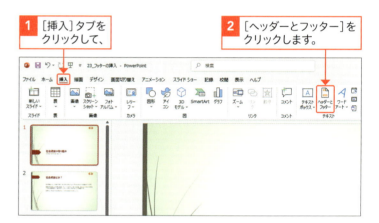

③ [スライド]をクリックして、
④ [日付と時刻]をクリックしてオンにし、
⑤ [固定]をクリックして、
⑥ 日付を入力します。

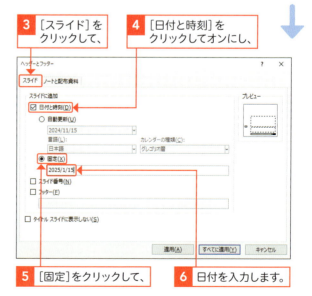

ヒント

タイトルスライドに表示しない

スライド番号やフッターを、タイトルスライドに表示させないようにするには、[ヘッダーとフッター]ダイアログボックスで[タイトルスライドに表示しない]をオンにします。

補足

フッターの書式や配置を変更する

スライド番号が表示される位置は、設定しているテーマによって異なります。なお、スライド番号やフッターの書式や配置を変更する場合は、スライドマスターを利用します（75ページ参照）。

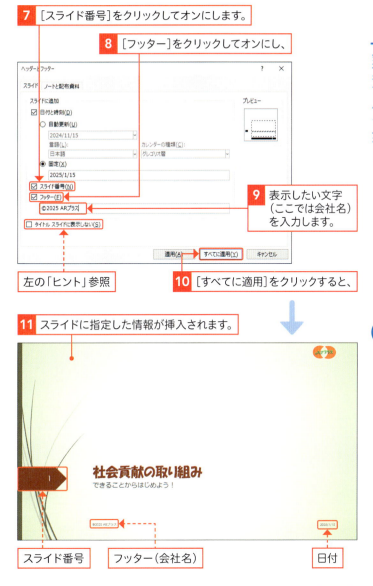

7 ［スライド番号］をクリックしてオンにします。

8 ［フッター］をクリックしてオンにし、

9 表示したい文字（ここでは会社名）を入力します。

左の「ヒント」参照

10 ［すべてに適用］をクリックすると、

11 スライドに指定した情報が挿入されます。

スライド番号　フッター（会社名）　日付

応用技　スライド開始番号を変更する

タイトルスライドのスライド番号を表示しないように設定すると（上の「ヒント」参照）、スライド番号が「2」から開始されます。「1」から開始されるようにするには、[デザイン]タブの[スライドのサイズ]から[ユーザー設定のスライドのサイズ]をクリックして、[スライドのサイズ]ダイアログボックスで[スライド開始番号]を「0」に設定します。

開始番号を「0」に設定します。

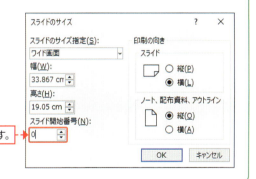

応用技 セクションを作成する

「セクション」とは、スライドをグループに分けて管理する機能のことです。スライド枚数の多いプレゼンテーションでセクションを作成すると、セクションごとに画面切り替え効果やテーマを設定したり、まとめて移動したりすることができます。また、セクションごとにスライドの表示／非表示を切り替えることができます。セクション名の左側に表示されている ◢ や ▷ をクリックして切り替えます。

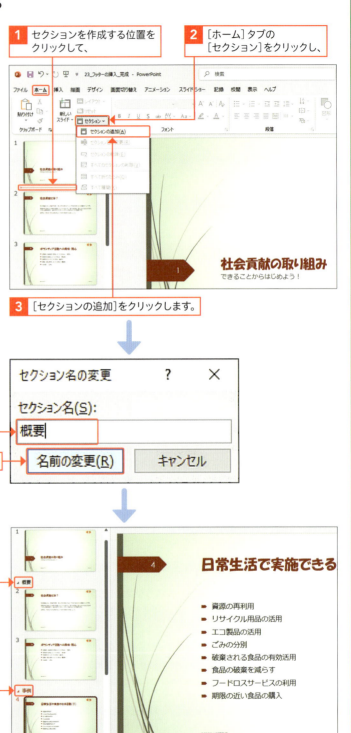

1 セクションを作成する位置をクリックして、
2 ［ホーム］タブの［セクション］をクリックし、
3 ［セクションの追加］をクリックします。
4 セクション名を入力して、
5 ［名前の変更］をクリックすると、
6 セクションが作成されます。
7 同様に操作して、セクションを作成します。

第 4 章

文字の
書式設定をしよう

Section 24　フォントやフォントサイズを変更しよう

Section 25　フォントの色やスタイルを変更しよう

Section 26　段組みを設定しよう

Section 27　箇条書きの行頭記号を変更しよう

Section 28　段落の先頭文字の位置を変更しよう

Section 29　タブで位置を調整しよう

Section 30　段落の配置や行間を変更しよう

Section 31　テキストボックスで自由な場所に文字を入力しよう

この章で学ぶこと

書式設定の方法を知ろう

▶ 文字単位で設定する書式

文字単位で設定する書式には、フォント、フォントサイズ、フォントの色などの文字書式や、太字、斜体、下線などのスタイルがあります。
プレースホルダーを選択するとプレースホルダー全体の文字に、任意の文字を選択するとその文字のみに書式を設定できます。

▶ 段落単位で設定する書式

段落単位で設定する書式には、箇条書きや段落番号、配置、インデント、行間などがあります。プレースホルダーを選択するとプレースホルダー全体の段落に、任意の段落を選択するとその段落のみに書式を設定できます。
また、文章が長かったり、箇条書きの行数が多かったりする場合は、段組みを設定して読みやすくすることができます。

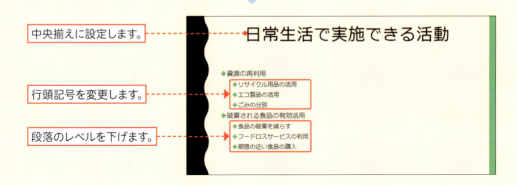

▶ テキストボックスの利用

プレースホルダー以外の場所に文字を配置したいときは、テキストボックスを利用します。テキストボックス内の文字書式は、プレースホルダーの文字と同様に設定できます。また、テキストボックスの塗りつぶしや枠線の色などの書式は、図形と同様に設定できます。

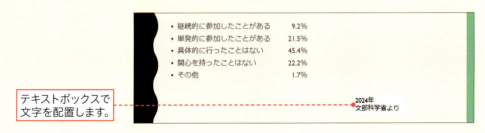

Section 24 フォントやフォントサイズを変更しよう

ここで学ぶこと
・フォント
・フォントサイズ
・ミニツールバー

スライドに入力した文字は、**フォント**や**フォントサイズ**を変更できます。プレースホルダー内の文字をまとめて変更したり、一部の文字を変更したりすることもできます。**ミニツールバー**を利用して設定することもできます。

練習▶24_フォントとフォントサイズの変更

1 フォントを変更する

解説
フォントを変更する

プレースホルダー全体のフォントを変更する場合は、プレースホルダーを選択します。一部の文字のフォントを変更する場合は、文字をドラッグして選択します。

1 プレースホルダーの枠線をクリックして、プレースホルダー選択します。

2 [ホーム]タブの[フォント]のここをクリックして、

3 目的のフォントをクリックすると、

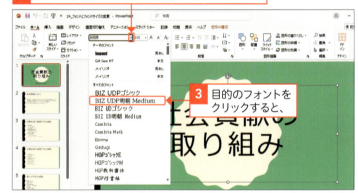

4 プレースホルダー全体のフォントが変更されます。

ヒント

すべてのフォントを変更する

プレゼンテーションのすべてのスライドタイトルや本文のフォントを変更する場合は、スライドを1枚ずつ編集するのではなく、テーマのフォントパターンを変更するとよいでしょう（72ページ参照）。

② フォントサイズを変更する

解説

フォントサイズを変更する

プレースホルダー全体のフォントサイズを変更する場合は、プレースホルダーを選択します。一部のサイズを変更する場合は、文字列をドラッグして選択します。フォントサイズは、8ptから96ptまでのサイズから選択できます。それ以上のサイズや一覧にないサイズを指定したい場合は、［フォントサイズ］のボックスに、直接数値を入力します。

時短

ミニツールバーを利用する

文字を選択すると、右上にミニツールバーが表示されます。ミニツールバーで、フォントやフォントサイズなどの書式を設定することもできます。

ヒント

すべてのフォントサイズを変更する

プレゼンテーションのすべてのスライドタイトルや本文のフォントサイズを変更する場合は、スライドを1枚ずつ編集するのではなく、スライドマスターで変更するとよいでしょう（75ページ参照）。

---

1 対象の文字列をドラッグして選択します。

2 ［ホーム］タブの［フォントサイズ］のここをクリックして、

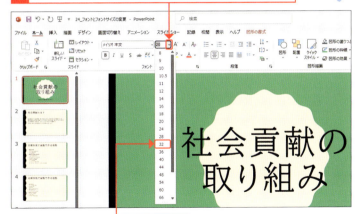

3 目的のサイズをクリックすると、

4 フォントサイズが変更されます。

Section 25 フォントの色やスタイルを変更しよう

ここで学ぶこと
・フォントの色
・色の変更
・スタイルの設定

スライドに入力した文字は、**色を変更**したり、**太字や斜体、下線**などの**スタイルを設定**したりすることができます。重要な文字は目立たせることで、より効果的なプレゼンテーションを作成することができます。

📁 練習▶25_フォントの色やスタイルの変更

① フォントの色を変更する

解説

フォントの色を変更する

フォントの色は、[フォントの色] 🅰 の ˇ をクリックして表示されるパネルで色を指定します。パネルには、スライドに設定されたテーマの配色と、標準の色10色が用意されています。
なお、[フォントの色]の 🅰 をクリックすると、直前に指定した色が設定されます。

ヒント

一覧にない色を設定する

パネルにない色を設定したい場合は、手順 3 で[その他の色]をクリックして、[色の設定]ダイアログボックスを表示し、目的の色を選択します。

1. プレースホルダーの枠線をクリックして、プレースホルダー選択します。
2. [ホーム]タブの[フォントの色]のここをクリックして、

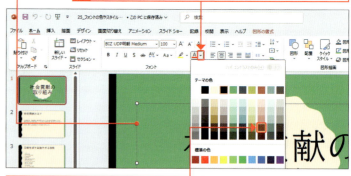

3. 目的の色（ここでは[ベージュ、アクセント4、黒+基本色25％]）をクリックすると、

4. フォントの色が変更されます。

② 文字にスタイルを設定する

解説
文字にスタイルを設定する

文字にスタイルを設定するには、目的の文字を選択して、[ホーム]タブの各コマンド（下の「ヒント」参照）を利用します。

応用技
[フォント]ダイアログボックスで設定する

[ホーム]タブの[フォント]グループの をクリックすると表示されるダイアログボックスを利用すると、フォントやフォントサイズなどの書式をまとめて設定することができます。下線のスタイルや色、上付き／下付き文字など、[ホーム]タブにはない書式も設定できます。

1 対象の文字列をドラッグして選択します。

2 [ホーム]タブの[下線]をクリックすると、

3 文字に下線が設定されます。

ヒント　スタイルの種類

文字の強調などを目的として、「太字」や「斜体」「下線」などを設定することができますが、これは文字書式の一種で「スタイル」と呼ばれます。スタイルの設定は、[ホーム]タブの[フォント]グループにあるコマンドを利用します。

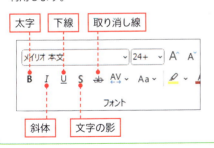

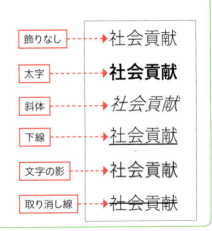

フォントの色やスタイルを変更しよう

4 文字の書式設定をしよう

Section 26 段組みを設定しよう

ここで学ぶこと
- 段組み
- 段数
- 段の間隔

プレースホルダー内の文章が長かったり、箇条書きの行数が多くなると、文字が読みにくくなります。このような場合は、2段組みや3段組みなどの**段組み**を設定すると読みやすくなります。段の**間隔**を指定することもできます。

練習▶26_段組みの設定

① テキストを2段組みに設定する

解説

段組みを設定する

段組みは、長文や箇条書きなどを読みやすくするために設定する書式のひとつです。91ページ手順 4 の[段組み]ダイアログボックスを利用すると、段数と間隔を指定して段組みを設定することができます。また、手順 3 で[2段組み]や[3段組み]をクリックしても段組みを設定できますが、その場合は、間隔を指定することはできません。

1 プレースホルダーの枠線をクリックして、プレースホルダー選択します。

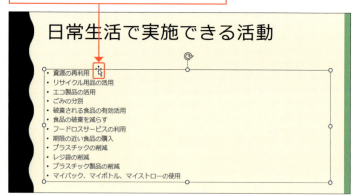

2 [ホーム]タブの[段の追加または削除]をクリックして、

3 [段組みの詳細設定]をクリックします。

ヒント

段組みをもとに戻す

段組みを通常（1段組み）に戻すには、プレースホルダーを選択して、[ホーム]タブの[段の追加または削除]をクリックし、[1段組み]をクリックします。

4 段数を指定して、

5 段の間隔を指定し、

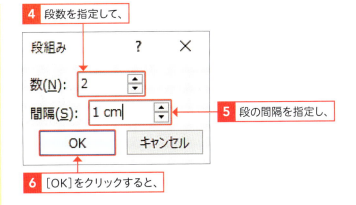

6 [OK]をクリックすると、

7 段組みが設定されます。

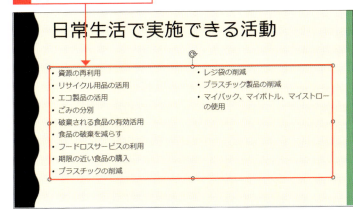

応用技　テキストを縦書きにする

箇条書きを見やすくする手段として、縦書きにする場合があります。入力したテキストを縦書きにするには、枠線をクリックして選択し、[ホーム]タブの[文字列の方向]をクリックして、[縦書き]または[縦書き（半角文字含む）]をクリックします。
なお、タイトルも含めてスライド全体を縦書きに設定する場合は、[ホーム]タブの[レイアウト]をクリックして、[縦書きタイトルと縦書きテキスト]のレイアウトを選択するとよいでしょう（49ページ参照）。

1 [ホーム]タブの[文字列の方向]をクリックして、

2 [縦書き]または[縦書き（半角文字含む）]をクリックします。

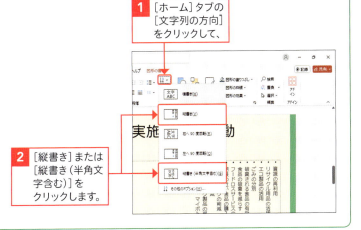

26　段組みを設定しよう

4　文字の書式設定をしよう

91

Section 27 箇条書きの行頭記号を変更しよう

ここで学ぶこと
- 箇条書き
- 行頭記号
- 段落番号

段落には、「●」や「◆」などの**行頭記号の付いた箇条書き**や、「1.2.3.」や「a.b.c.」のような**段落番号**を設定することができます。あらかじめ設定されている行頭記号や段落番号は、削除したり、種類を変更したりすることができます。

練習▶27_行頭記号の変更

1 行頭記号の種類を変更する

解説

行頭記号を設定する

箇条書きに行頭記号を付けると見やすくなり効果的です。行頭記号は、手順 3 の一覧からクリックしても設定できます。一覧に表示される行頭記号の種類は、プレゼンテーションに設定されているテーマやバリエーションによって異なります。手順 4 で表示される［箇条書きと段落番号］ダイアログボックスでは行頭記号の色やサイズを変更することができます。

補足

段落を選択する

右の手順では、プレースホルダー全体を選択していますが、特定の段落をドラッグして選択し、行頭記号を設定することもできます。離れた段落を同時に選択する場合は、Ctrl を押しながら段落を順にドラッグします。

1 プレースホルダーの枠線をクリックして、プレースホルダー選択します。

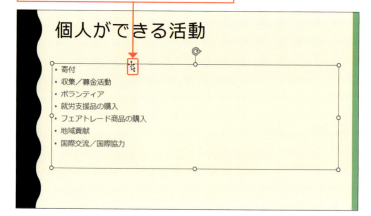

2 ［ホーム］タブをクリックして、
3 ［箇条書き］のここをクリックし、

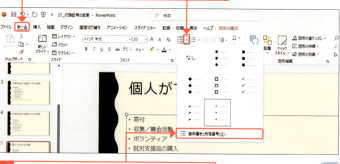

4 ［箇条書きと段落番号］をクリックします。

補足 行頭記号がない場合

プレゼンテーションに設定しているテーマによっては、テキストに行頭記号が設定されていないことがあります。その場合も、ここで解説している手順で行頭記号付きの箇条書きに設定することができます。

5 目的の行頭記号をクリックして、

6 [色]をクリックし、

7 目的の色（ここでは[緑、アクセント1]）をクリックします。

8 [OK]をクリックすると、

9 行頭記号が変更されます。

ヒント 箇条書きを解除する

箇条書きを解除するには、設定している段落を選択し、[ホーム]タブの[箇条書き]をクリックします。

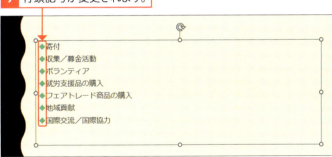

解説 段落番号を設定する

箇条書きは同レベルの内容を列挙するときに用いますが、段落番号は連番や操作手順などを示すときに用い、選択した範囲内で上から順に指定した番号が振られます。
段落番号を設定するには、[ホーム]タブの[段落番号] ≡ の ˇ をクリックして、目的の段落番号をクリックします。また、[箇条書きと段落番号]をクリックして表示される[箇条書きと段落番号]ダイアログボックスで、段落番号の色やサイズ、開始番号を変更することができます。

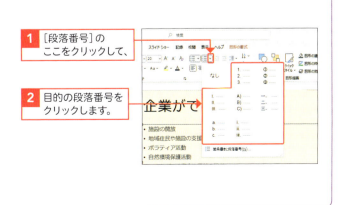

1 [段落番号]のここをクリックして、

2 目的の段落番号をクリックします。

Section 28 段落の先頭文字の位置を変更しよう

ここで学ぶこと
- 段落のレベル
- インデントマーカー
- ルーラー

テキストは段落の**レベル**を設定して**階層構造**にすることができます。段落の先頭文字の位置を変更するには、レベルを下げる方法とインデントマーカーを利用する方法があります。

練習▶28_段落のレベルと文字位置の設定

1 段落のレベルを下げる

解説

段落のレベルを設定する

テキストは、大見出し、小見出しのように段落単位でレベルを設定できます。これによって、全体の階層構造がわかりやすくなります。
同列で入力した箇条書きなどのレベルを下げるには、目的の段落を選択して、[ホーム]タブの[インデントを増やす]をクリックします。クリックするごとに1レベルずつ下がります。
なお、スライドマスターを利用すると(75ページ参照)、プレゼンテーション全体でレベルごとの書式を設定できます。

ヒント

段落のレベルを上げる

段落のレベルを上げるには、[ホーム]タブの[インデントを減らす] をクリックします。クリックするごとに1レベルずつ上がります。

1 変更したい段落をドラッグして選択します。

2 [ホーム]タブをクリックして、

3 [インデントを増やす]をクリックすると、

4 レベルが1レベル下がります。

② 先頭文字の位置を調整する

🔍 重要用語
ルーラー

「ルーラー」とは、ウィンドウの上と左側に表示される目盛のことです。段落の文字位置の調整やタブ位置の調整（96ページ参照）に利用します。ルーラーは、[表示]タブの[ルーラー]でオン／オフを切り替えます。

🔍 重要用語
インデントマーカー

「インデント」とは一般に「字下げ」のことで、「インデントマーカー」はルーラー上で文字の先頭位置を設定できる機能です。段落にカーソルを移動すると、その段落に設定されたインデントの状態がインデントマーカーで表示されます。目的のインデントマーカーをドラッグして、文字位置を設定します。インデントマーカーの名称と機能については、下の「補足」を参照してください。

1 [表示]タブの[ルーラー]をクリックしてオンにし、

2 ルーラーを表示します。

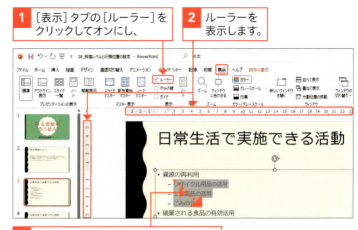

3 変更したい段落をドラッグして選択し、

4 左インデントマーカーをドラッグすると、

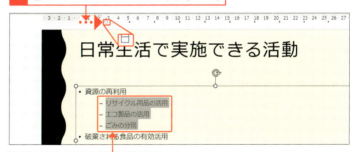

5 先頭の位置が変わります。

✏️ 補足　インデントマーカーの種類

ルーラー上には左端に3種類のインデントマーカーが表示されます。必要に応じて、各インデントマーカーをドラッグして、レベルを設定します。

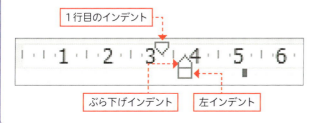

名　称	機　能
1行目のインデント	段落の1行目の位置（箇条書きや段落番号が設定されている場合は番号の位置）を示しています。
ぶら下げインデント	段落の2行目の位置（箇条書きや段落番号が設定されている場合は1行目の先頭位置）を示しています。
左インデント	1行目のインデントとぶら下げインデントの間隔を保持しながら、両方を調整できます。

28　段落の先頭文字の位置を変更しよう

4　文字の書式設定をしよう

Section 29 タブで位置を調整しよう

ここで学ぶこと
・タブ
・タブ位置
・タブの切り替え

複数の段落の文字を任意の位置で揃えたい場合は、**タブ**を利用すると便利です。**タブ位置の調整**は、**ルーラーを表示**して行います。タブの種類には、左揃え、中央揃え、右揃え、小数点揃えの4種類があります。

練習▶29_タブ位置の設定

1 タブ位置を設定する

解説

タブを挿入する

項目と内容の間などは空白を入力して空けることもできますが、きれいに揃いません。この場合は、間にタブを挿入し、タブ位置で揃えるときれいに揃います。[Tab]を押すとタブが挿入されます。

1 ［表示］タブの［ルーラー］をオンにして、ルーラーを表示します（95ページ参照）。

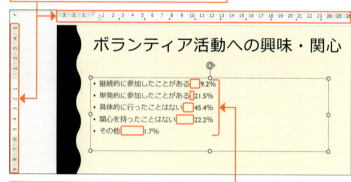

2 文字を揃えたい位置で[Tab]を押して、タブを挿入します。

補足

既定のタブの位置

プレースホルダーのテキストには、既定のタブ位置が設定されており、[Tab]を押すと、既定の位置で文字が揃えられます。右の手順で操作すると、既定のタブ位置以外に、任意の場所にタブ位置を設定できます。

既定のタブ位置

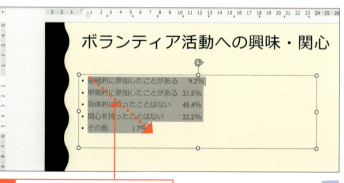

3 段落をドラッグして選択します。

タブ位置を変更する

タブ位置を設定したあとでも、タブ位置を変更することができます。段落を選択して、ルーラー上のタブマーカーを目的の位置までドラッグします。

4 ここをクリックして右揃えタブに切り替え（下の「補足」参照）、

5 揃えたい位置でルーラーをクリックすると、

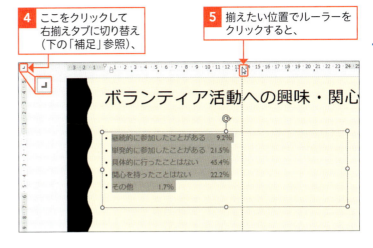

6 タブマーカーが表示され、

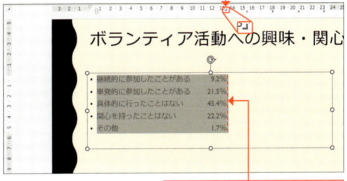

7 指定した位置で文字が揃います。

タブ位置を削除する

タブ位置を削除するには、タブマーカーをルーラーの外側へドラッグします。タブ位置がなくなった先頭文字は、左（直近）の既定のタブ位置に移動します。

補足 タブの種類と切り替え

タブの種類は、ここで設定した右揃えタブのほかに、左揃えタブ、中央揃えタブ、小数点揃えタブがあります。タブの種類は、ルーラーの左上をクリックすると切り替えることができます。

Section 30 段落の配置や行間を変更しよう

ここで学ぶこと
・中央揃え
・右揃え
・行間

段落の配置は、**左揃え**、**中央揃え**、**右揃え**、**両端揃え**、**均等割り付け**に設定することができます。また、テキストの行数が少なくて、プレースホルダーに余白が多い場合は、**行間**を広げると、バランスがよくなります。

練習▶30_段落の配置と行間の変更

1 段落の配置を変更する

解説
段落の配置

プレースホルダー内の段落の左右の配置は、次の5種類から設定できます。

左揃え / 右揃え / 均等割り付け / 中央揃え / 両端揃え

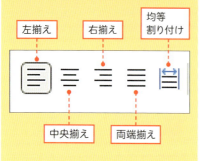

1 プレースホルダーの枠線をクリックして、プレースホルダーを選択します。

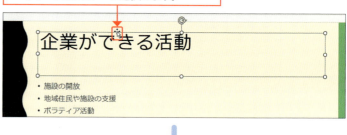

2 [ホーム]タブをクリックして、

3 [中央揃え]をクリックすると、

4 段落が中央揃えに変更されます。

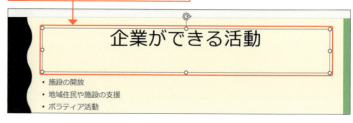

② 行間を変更する

解説
行間を変更する

行間（行の間隔）を変更するには、[ホーム]タブの[行間]から目的の行間を選択します。最初は小さいサイズを指定し、結果を見ながら設定するとよいでしょう。

ヒント
一部の行間を変更する

右の手順では、プレースホルダー全体の行間を変更しています。一部の段落を変更する場合は、目的の段落にカーソルを移動してから、行間を指定します。

応用技
[段落]ダイアログボックスを利用する

行間を詳細に設定したい場合は、手順4で[行間のオプション]をクリックします。[段落]ダイアログボックスが表示されるので、行間を設定します。また、段落前や段落後の間隔も設定できます。

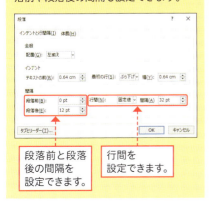

段落前と段落後の間隔を設定できます。

行間を設定できます。

---

1 プレースホルダーの枠線をクリックして、プレースホルダーを選択します。

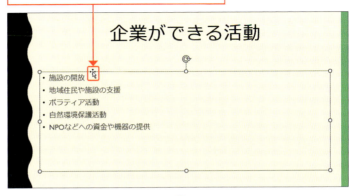

2 [ホーム]タブをクリックして、

3 [行間]をクリックし、

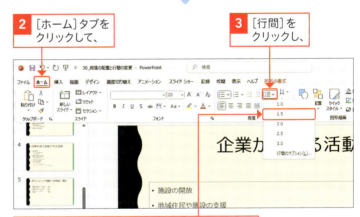

4 目的の行間（ここでは[1.5]）をクリックすると、

5 行間が変更されます。

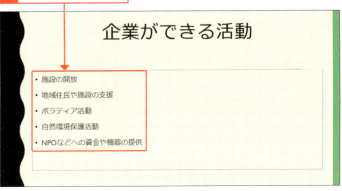

Section 31 テキストボックスで自由な場所に文字を入力しよう

ここで学ぶこと
- テキストボックス
- 図形の塗りつぶし
- 図形の枠線

プレースホルダー以外の任意の場所に文字を配置したい場合は、**テキストボックス**を利用します。テキストボックスには**横書き**と**縦書き**が用意されています。図形と同様に色を付けたり、枠線を設定したりすることもできます。

練習▶31_テキストボックス

1 テキストボックスを作成する

解説

テキストボックスを作成する

プレースホルダーとは別に、スライドの任意の位置に文字を挿入したい場合は、テキストボックスを利用します。テキストボックスは、[ホーム]タブの[図形]や[挿入]タブの[図形]から作成することもできます。

1 [挿入]タブの[テキストボックス]のここをクリックして、

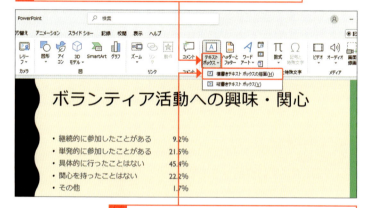

2 [横書きテキストボックスの描画]をクリックし、

3 スライド上をクリックします。

ヒント

縦書きテキストボックスを作成する

縦書きのテキストボックスを作成するには、手順**2**で[縦書きテキストボックス]をクリックし、右の手順で操作します。

📝 補足
ドラッグしてテキストボックスを作成する

ここでは、テキストに合わせてサイズが調整できるように、クリックしてテキストボックスを作成しています。任意の大きさのテキストボックスを作成するには、対角線状にドラッグします。

💡 ヒント
テキストボックスを削除する

テキストボックスを削除するには、テキストボックスの枠線をクリックして選択し、Deleteまたは Back space を押します。

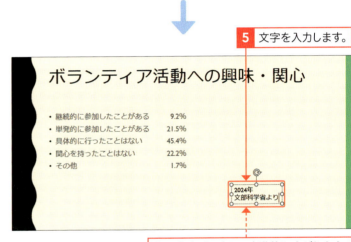

④ テキストボックスが作成され、中にカーソルが表示されるので、

⑤ 文字を入力します。

枠は文字列に応じて自動的に広がります。

② テキストボックスの塗りつぶしの色を変更する

💬 解説
テキストボックスを塗りつぶす

テキストボックス内は透明で、テーマなどが設定されたスライドではその色が背景になります。ほかと区別させたり目立たせたりしたい場合は、[図形の書式] タブの [図形の塗りつぶし] から色を選択して塗りつぶすとよいでしょう（102ページ参照）。

① テキストボックスの枠線をクリックして選択します。

31 テキストボックスで自由な場所に文字を入力しよう

4 文字の書式設定をしよう

101

テキストボックス内の文字の書式

テキストボックス内のフォントやフォントサイズ、色、左右の配置などの書式は、[ホーム]タブの各コマンドで設定できます。

テキストボックスに枠線を設定する

テキストボックスは、初期設定では枠線が表示されません。枠線を表示したい場合は、[図形の書式]タブの[図形の枠線]から設定します。

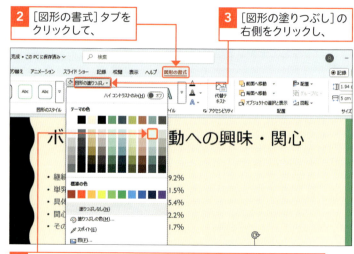

2 [図形の書式]タブをクリックして、

3 [図形の塗りつぶし]の右側をクリックし、

4 目的の色（ここでは[緑、アクセント5、白+基本色80%]）をクリックすると、

5 テキストボックスが指定した色で塗りつぶされます。

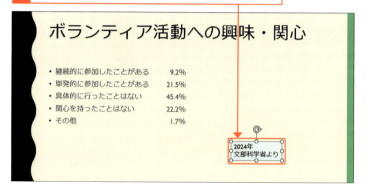

テキストボックスを移動／回転する

テキストボックスは図形と同様に移動したり（114ページ参照）、回転したりすることができます（118ページ参照）。

応用技　テキストボックス内の余白や配置を変更する

テキストボックス内の余白や、文字の垂直方向の配置などは、[図形の書式設定]作業ウィンドウで設定できます。
[図形の書式設定]作業ウィンドウを表示するには、テキストボックスを選択し、[図形の書式]タブの[図形のスタイル]グループの 🔽 をクリック、またはテキストボックスを右クリックし、[図形の書式設定]をクリックします。
[文字のオプション]をクリックして、[テキストボックス] 📄 をクリックし、目的の項目を設定します。

第 **5** 章

図形を作成しよう

Section 32　直線／曲線を描こう

Section 33　矢印を描こう

Section 34　基本的な図形を描こう

Section 35　複雑な図形を描こう

Section 36　図形を移動／複製しよう

Section 37　図形のサイズや形を変更しよう

Section 38　図形を回転／反転しよう

Section 39　図形の枠線や塗りつぶしの色を変更しよう

Section 40　図形にグラデーションやスタイルを設定しよう

Section 41　図形の中に文字を入力しよう

Section 42　図形を結合しよう

Section 43　図形の重なり順を調整しよう

Section 44　図形の配置を整えよう

Section 45　複数の図形をグループ化しよう

Section 46　アイコンを挿入しよう

Section 47　SmartArtで図表を作ろう

Section 48　SmartArtの図形を増やそう

Section 49　SmartArtのスタイルや色を変更しよう

Section 50　テキストからSmartArtを作ろう

Section 51　SmartArtを図形に変換しよう

Section 52　図形の書式を既定に設定しよう

この章で学ぶこと

PowerPointで作成できる図形を知ろう

さまざまな図形を作成する

PowerPointでは、線、四角形、矢印、円などの基本的な図形のほか、曲線、吹き出し、星やリボンなど複雑な図形もかんたんに作成することができます。作成した図形は、サイズや形状を自由に変更できます。

図形の枠線は、種類、太さ、色などを変更できます。塗りつぶしも色の変更やグラデーションなどを設定することができます。また、図形の枠線、塗りつぶし、効果などの書式がセットされた「図形のスタイル」が用意されており、図形の書式をかんたんに整えることができます。

[挿入]タブの[図形]からさまざまな図形を作成できます。

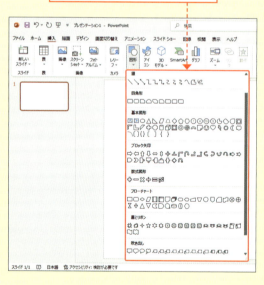

塗りつぶしの色を変更したり、グラデーションなどを設定できます。

枠線の色や種類、太さなどを変更できます。

5 図形を作成しよう

▶ 図形に文字を入力する

線や曲線などを除く図形には、文字を入力することができます。文字は、プレースホルダーのテキストと同様に、フォントやフォントサイズ、色などの書式を設定することができます。

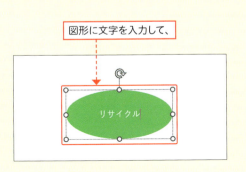
図形に文字を入力して、

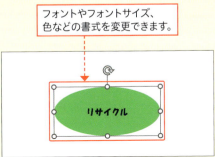
フォントやフォントサイズ、色などの書式を変更できます。

▶ SmartArtで図表を作成する

SmartArtは、ひな形からかんたんに図表を作成できる機能です。SmartArtには、[リスト][手順][循環][階層構造][集合関係][マトリックス][ピラミッド][図]の8種類に分類されたレイアウトが用意されています。レイアウトを選択して、文字を入力したり、画像を挿入したり、必要なパーツを追加したりして図表を完成させます。

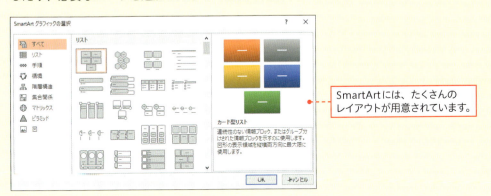
SmartArtには、たくさんのレイアウトが用意されています。

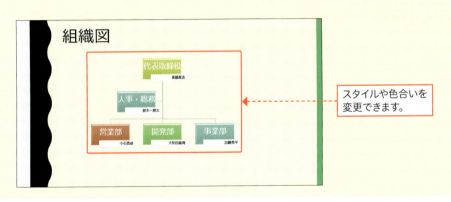
スタイルや色合いを変更できます。

105

Section 32 直線／曲線を描こう

ここで学ぶこと
- 線
- 曲線
- フリーハンド

直線を描くには、[図形]から[線]を選択して、スライド上をドラッグします。**曲線**を描くには、始点とカーブの位置でクリックし、終点でダブルクリックします。また、**フリーハンド**を利用して自由な線を描くこともできます。

練習▶ファイルなし

1 直線を描く

解説　図形を作成する

図形を作成するには、[挿入]タブの[図形]をクリックすると表示される一覧から、目的の図形を選択します。また、[ホーム]タブの[図形]から作成することもできます。作成される図形の塗りつぶしや線の色は、プレゼンテーションに設定されているテーマやバリエーションによって異なります。

直線を描くには、[挿入]タブの[図形]から[線]をクリックして、目的の長さまでドラッグします。

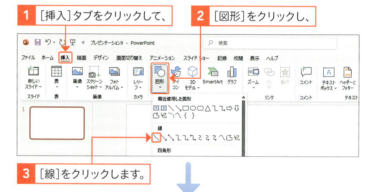

1 [挿入]タブをクリックして、
2 [図形]をクリックし、
3 [線]をクリックします。

4 始点にマウスポインターを合わせて、
5 スライド上をドラッグすると、
6 直線が描けます。

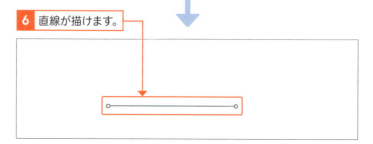

応用技　水平／垂直／45度の線を描く

Shift を押しながらスライド上をドラッグすると、水平／垂直／45度の線を描くことができます。

② 曲線を描く

解説

曲線を描く

曲線を描くには、[挿入] タブの [図形] から [曲線] をクリックして、カーブさせたい位置でクリックし、最後にダブルクリックします。

応用技

曲線のカーブを調整する

曲線のカーブを調整するには、曲線を右クリックして、[頂点の編集] をクリックします。頂点に■が表示されるので、調整したい■をクリックすると、青線と□が表示されます。□をドラッグすると、カーブの大きさが変わります。

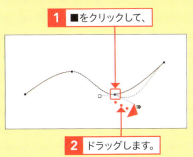

1 ■をクリックして、
2 ドラッグします。

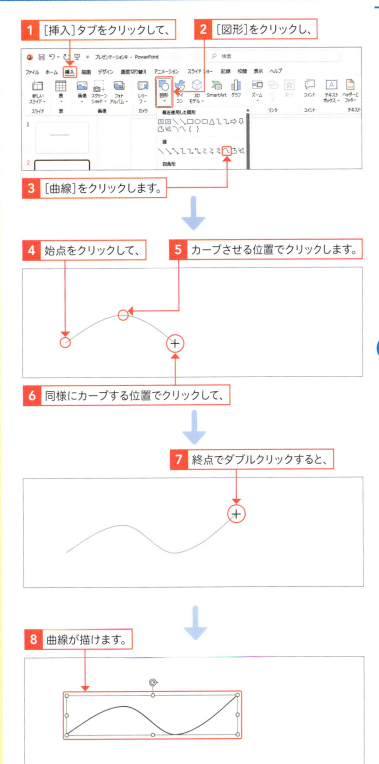

1 [挿入] タブをクリックして、
2 [図形] をクリックし、
3 [曲線] をクリックします。
4 始点をクリックして、
5 カーブさせる位置でクリックします。
6 同様にカーブする位置でクリックして、
7 終点でダブルクリックすると、
8 曲線が描けます。

Section 33 矢印を描こう

ここで学ぶこと
- 線矢印
- 線矢印：双方向
- ブロック矢印

矢印を描くには、[挿入]タブの[図形]から、[線矢印]または[線矢印：双方向]を選択して、直線を描くときと同様にスライド上をドラッグします。また、[図形]には、さまざまな種類のブロック矢印が用意されています。

練習▶ファイルなし

1 矢印を描く

解説 矢印を描く

矢印を描くには、[挿入]タブの[図形]から[線矢印]をクリックして、目的の長さまでドラッグします。

1 [挿入]タブをクリックして、
2 [図形]をクリックし、

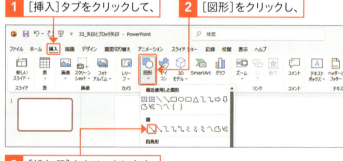

3 [線矢印]をクリックします。

4 始点にマウスポインターを合わせて、

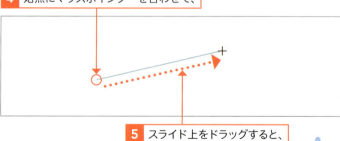

5 スライド上をドラッグすると、

6 矢印が描けます。

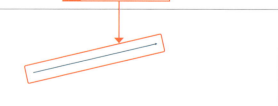

ヒント 双方向の矢印を描く

双方向の矢印を描くには、手順3で[線矢印：双方向] をクリックし、スライド上をドラッグします。

② ブロック矢印を描く

解説

ブロック矢印を描く

[挿入]タブの[図形]の[ブロック矢印]には、さまざまな種類のブロック矢印が用意されています。スライド上を横にドラッグすると、細い矢印が描けます。スライド上を斜めにドラッグすると、ドラッグしたサイズの太い矢印が描けます。

ヒント

ブロック矢印を斜めにする

斜めのブロック矢印を作成するには、ブロック矢印を描いたあと、回転ハンドル ↺ をドラッグして、斜めに回転させます（118ページ参照）。

応用技

線を矢印に変更する

すでに描いた直線や曲線を、矢印に変更することができます。線をクリックして選択し、[図形の書式]タブの[図形の枠線]の右側をクリックして、[矢印]から矢印の種類を選択します。

1 [挿入]タブをクリックして、 **2** [図形]をクリックし、

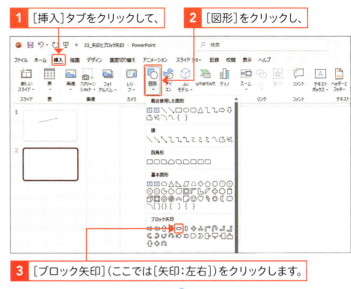

3 [ブロック矢印]（ここでは[矢印:左右]）をクリックします。

4 始点にマウスポインターを合わせて、

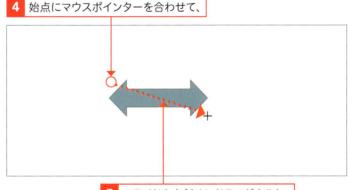

5 スライド上を斜めにドラッグすると、

6 ドラッグしたサイズのブロック矢印が描けます。

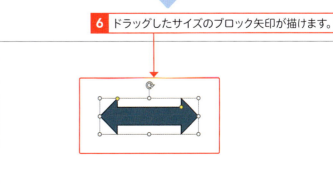

Section 34 基本的な図形を描こう

ここで学ぶこと
- 楕円
- 正方形／長方形
- 描画モードのロック

PowerPointでは、線や矢印のほかにも、円や三角形、四角形、台形、円柱、直方体などの**基本的な図形**もかんたんに作成することができます。ここでは、**既定のサイズ**と、**任意のサイズ**で図形を作成する方法を解説します。

練習▶ファイルなし

1 既定のサイズの図形を描く

解説
既定のサイズで図形を作成する

図形の種類を選択して、スライド上をクリックすると、既定のサイズで図形が描けます。楕円は正円、長方形は正方形になります。なお、既定サイズは図形によって異なります。
作成した図形のサイズをあとから変更するには、周囲に表示されているハンドルをドラッグします（116ページ参照）。

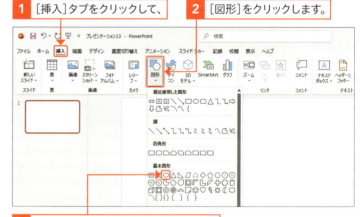

1 ［挿入］タブをクリックして、
2 ［図形］をクリックします。
3 図形（ここでは［楕円］）をクリックして、
4 スライド上をクリックすると、

5 既定のサイズで円が描けます。

ヒント
図形を削除する

図形を削除するには、図形をクリックして選択し、または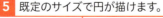を押します。

② 任意のサイズの図形を描く

解説
任意のサイズで図形を作成する

右の手順のように、図形の種類を選択してスライド上をドラッグすると、ドラッグした方向に目的のサイズの図形を作成できます。このとき、を押しながらドラッグすると、縦横の比率を変えずに、目的のサイズで図形を作成できます。

ヒント
図形のサイズを数値で指定する

図形のサイズを数値で指定することもできます。図形を選択して、［図形の書式］タブの［サイズ］で［図形の高さ］と［図形の幅］に数値を指定します。

時短
同じ図形を続けて作成する

手順❸で目的の図形を右クリックして、［描画モードのロック］をクリックすると、同じ図形を続けて作成することができます。図形の作成が終わったら、Esc を押すと、ロックが解除されます。

---

1 ［挿入］タブをクリックして、
2 ［図形］をクリックし、

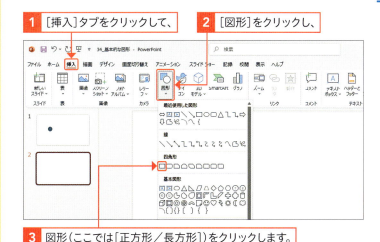

3 図形（ここでは［正方形／長方形］）をクリックします。

4 始点にマウスポインターを合わせて、

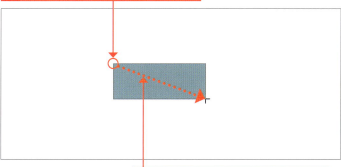

5 スライド上を斜めにドラッグすると、

6 ドラッグしたサイズの図形が描けます。

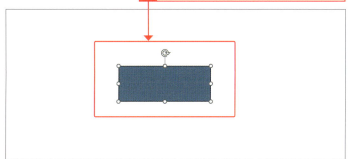

Section 35 複雑な図形を描こう

ここで学ぶこと
- 吹き出し
- 調整ハンドル
- フリーフォーム

PowerPointでは、線、四角形、矢印、円などの基本的な図形のほかに、曲線、星やリボン、吹き出しなどの**複雑な図形**もかんたんに作成することができます。また**フリーフォーム**で自由な図形を作成することもできます。

練習▶ファイルなし

1 吹き出しを描く

解説
吹き出しを作成する

吹き出しは、セリフや、強調したいメッセージを入れるのによく利用されます。[図形]の[吹き出し]には、四角形や円形、雲形などいろいろな形の吹き出しが用意されているので、目的に合ったものを選びましょう。
吹き出し口の長さや位置はドラッグして調整できます。

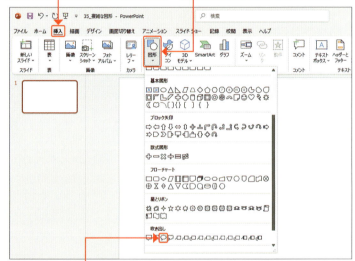

1 [挿入]タブをクリックして、
2 [図形]をクリックします。
3 吹き出し（ここでは[吹き出し:円形]）をクリックします。

補足

複雑な図形を作成する

星やリボン、カーブした複雑な図形なども、ドラッグの角度や長さで変形させながらかんたんに描くことができます。

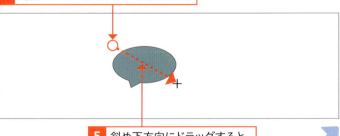

4 始点にマウスポインターを合わせて、
5 斜め下方向にドラッグすると、

重要用語

調整ハンドル

ブロック矢印や吹き出し、リボン、スクロールなどの図形には、図形の形を調整できる黄色の調整ハンドル ◎ が表示されます。調整ハンドルをドラッグすると、図形の幅や角度を変形したり、吹き出し口の向きや位置を調整したりすることができます。

6 吹き出しが作成されます。

7 調整ハンドルにマウスポインターを合わせ、形が ▷ に変わった状態で、

8 ドラッグすると、

9 吹き出しの向きを調整できます。

35 複雑な図形を描こう

5 図形を作成しよう

✨ 応用技　フリーフォームで自由な図形を描く

[図形]の[フリーフォーム：図形]⬠や[フリーフォーム：フリーハンド]✎ を利用すると、自由な図形を作成できます。[フリーフォーム：図形]では2点をクリックすると直線が描け、ドラッグの軌跡に合わせて自由な線を描けます。[フリーフォーム：フリーハンド]は一筆書きのようにドラッグします。始点と終点が一致すると、通常の図形と同じように色で塗りつぶされます。

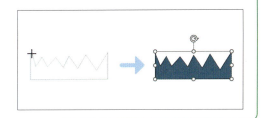

113

Section 36 図形を移動／複製しよう

ここで学ぶこと
・移動
・複製
・クリップボード

図形は、ドラッグして自由に移動することができます。また、同じ図形が必要な場合は、図形をドラッグして複製すると、効率的に作業ができます。移動や複製は、同じスライドだけでなく、ほかのスライドへも実行できます。

練習▶36_移動とコピー

1 図形を移動する

解説

図形を移動する

図形をクリックして選択し、移動させたい位置までドラッグします。このとき、 Shift を押しながらドラッグすると、水平方向や垂直方向に移動することができます。

ヒント

離れた場所は切り取り／貼り付けで移動する

図形をクリックして選択し、［ホーム］タブの［切り取り］✂ をクリックして、移動先で［貼り付け］ をクリックします。

ショートカットキー

切り取り／貼り付け

● 切り取り
　Ctrl + X

● 貼り付け
　Ctrl + V

1 図形にマウスポインターを合わせ、形が に変わった状態で、

2 目的の位置までドラッグすると、

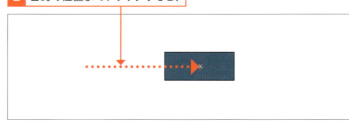

3 図形が移動します。

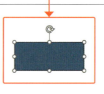

② 図形を複製する

解説

図形を複製する

図形をクリックして選択し、Ctrl を押しながら複製したい位置までドラッグします。このとき、Ctrl と Shift を押しながらドラッグすると、水平方向や垂直方向に複製することができます。

ヒント

離れた場所はコピー／貼り付けで複製する

図形をクリックして選択し、[ホーム] タブの [コピー] をクリックして、コピー先で [貼り付け] の上部をクリックします。

ショートカットキー

コピー／貼り付け

- コピー
  Ctrl + C
- 貼り付け
  Ctrl + V

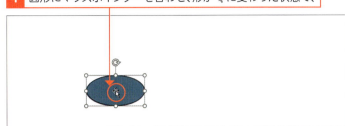

1 図形にマウスポインターを合わせ、形が変わった状態で、

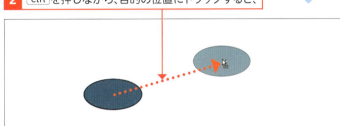

2 Ctrl を押しながら、目的の位置にドラッグすると、

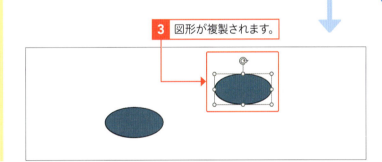

3 図形が複製されます。

応用技　Officeクリップボードを利用する

「Officeクリップボード」は、「切り取り」や「コピー」を実行したときに、切り取ったり、コピーしたりしたデータが一時的に保管される場所のことです。クリップボードに保管されたデータは、PowerPointを終了するまで繰り返し利用できます。クリップボードはOfficeアプリ共有の場所で、WordやExcelなどほかのOfficeアプリを起動している場合は同様に保管され、利用することができます。クリップボードを表示するには、[ホーム] タブの [クリップボード] 右端の をクリックします。

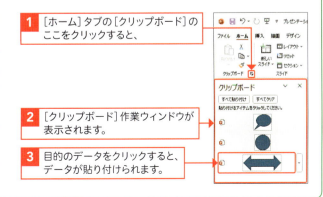

1 [ホーム] タブの [クリップボード] のここをクリックすると、

2 [クリップボード] 作業ウィンドウが表示されます。

3 目的のデータをクリックすると、データが貼り付けられます。

Section 37 図形のサイズや形を変更しよう

ここで学ぶこと
・ハンドル
・図形のサイズ
・図形の形

図形のサイズを変更するには、図形を選択すると周囲に表示される白いハンドルをドラッグします。また、図形の種類によっては、調整ハンドルが表示され、調整ハンドルをドラッグすることで形を変えることができます。

練習▶37_サイズと形の変更

1 図形のサイズを変更する

解説

図形のサイズを変更する

図形をクリックして選択すると、周りに白いハンドルが表示されます。このハンドルにマウスポインターを合わせてドラッグすると、サイズを変更することができます。このとき、Shift を押しながら四隅のハンドルをドラッグすると、図形の縦横比を変えずにサイズを変更することができます。

1 図形をクリックして選択します。

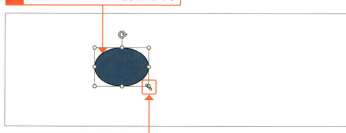

2 ハンドルにマウスポインターを合わせ、形が に変わった状態で、

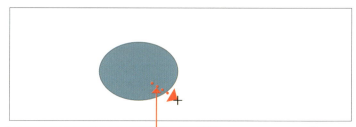

3 内側(もしくは外側)にドラッグすると、

4 図形のサイズが変わります。

❷ 図形の形を変更する

解説

図形を変形する

図形の周りにある白いハンドルのいずれかをドラッグすると図形の形が変わります。四隅は図形全体のサイズを変更し、横は横幅、縦は高さを変更します。目的に合った形にしてみましょう。
また、黄色の調整ハンドル〇が表示される図形では角のサイズや形を変形できます（113ページ参照）。

応用技

図形の種類を変更する

作成した図形は、あとから種類を変更することができます。図形を選択して、[図形の書式]タブの[図形の編集]から[図形の変更]をクリックして、目的の図形をクリックします。この場合、図形に設定されている書式はそのまま保持されます。

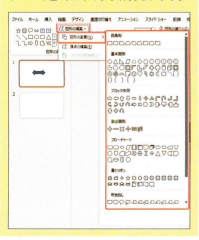

1 図形をクリックして選択し、

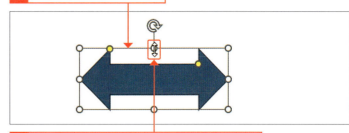

2 上中央のハンドルにマウスポインターを合わせ、形が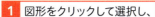に変わった状態で、

3 下方向にドラッグすると、

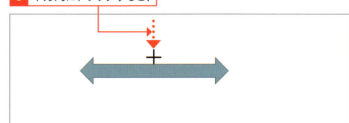

4 高さが変わります。

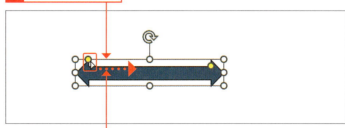

5 調整ハンドルを右にドラッグすると、

6 矢印の形が変わります。

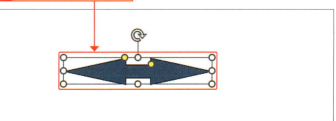

Section 38 図形を回転／反転しよう

ここで学ぶこと
・図形の回転
・上下反転
・左右反転

図形を回転させるには、回転ハンドルをドラッグします。また、[回転]コマンドを使うと、右や左へ90度回転したり、上下反転や左右反転したりすることができます。角度を指定して回転することもできます。

練習▶38_回転と反転

1 図形を回転する

解説

図形を回転する

図形を回転するには、回転ハンドルにマウスポインターを合わせてドラッグします。このとき、Shiftを押しながらドラッグすると、15度ずつ回転することができます。図形は、図形の中心を基準に回転します。

1 図形をクリックして選択します。

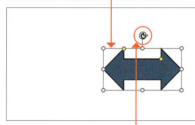

2 回転ハンドルにマウスポインターを合わせ、形が に変わった状態で、

3 ドラッグすると、

4 図形が回転します。

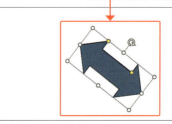

補足

90度回転する

[図形の書式]タブの[回転]をクリックすると、[左へ90度回転] [右へ90度回転]が選択できます(119ページの手順 2 参照)。

② 図形を反転する

解説

図形を反転する

図形を反転するには、[図形の書式]タブの[回転]を利用します。[上下反転]で上下に、[左右反転]で左右にそれぞれ反転します。

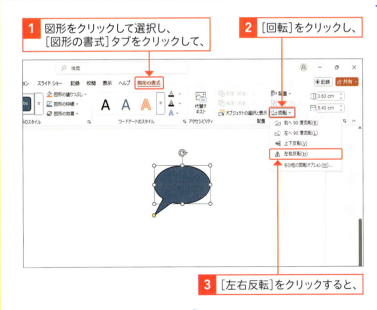

1 図形をクリックして選択し、[図形の書式]タブをクリックして、
2 [回転]をクリックし、
3 [左右反転]をクリックすると、

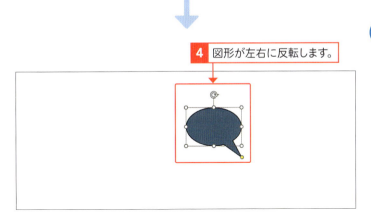

4 図形が左右に反転します。

補足

[ホーム]タブを利用して回転する

回転は[ホーム]タブの[配置]から[回転]をクリックしても、同様に反転することができます。

応用技　角度を指定して回転する

上の手順3で[その他の回転オプション]をクリックすると、[図形の書式設定]作業ウィンドウが表示されます。[サイズ]の[回転]に角度を数値で指定すると、任意の角度で回転することができます。

ここで角度を指定します。

Section 39 図形の枠線や塗りつぶしの色を変更しよう

ここで学ぶこと
- 図形の枠線
- 図形の塗りつぶし
- 枠線の種類

図形を作成すると、設定しているテーマやバリエーションに基づいた色で塗りつぶされますが、**枠線**や**塗りつぶしの色**はそれぞれ変更することができます。また、直線や曲線、図形の枠線などの**太さ**や**種類**を変更することもできます。

練習▶39_枠線と塗りつぶし

1 線の太さを変更する

解説
線の書式を変更する

直線や曲線、矢印などの線や、四角形、円などの枠線の書式は、[図形の書式]タブの[図形の枠線]から変更できます。

ヒント
線の種類を変更する

線や枠線の種類を変更するには、手順3で[実線／点線]にマウスポインターを合わせ、表示される一覧から線の種類をクリックします。
また、[スケッチ]を利用すると、図形の枠線を手書き風にすることができます。

1 図形をクリックして選択します。

2 [図形の書式]タブの[図形の枠線]の右側をクリックして、

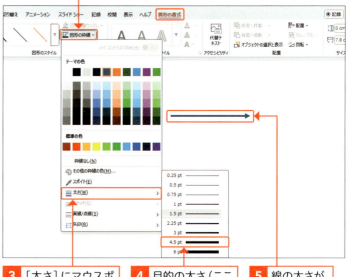

3 [太さ]にマウスポインターを合わせ、

4 目的の太さ（ここでは[4.5pt]）をクリックすると、

5 線の太さが変わります。

❷ 線や塗りつぶしの色を変更する

🗨 解説

図形の色を変更する

図形の塗りつぶしの色は、[図形の書式]タブの[図形の塗りつぶし]から変更できます。直線や曲線、図形の枠線の色は、[図形の枠線]から変更できます。

テーマの色

[図形の塗りつぶし]や[図形の枠線]の一覧に表示されている[テーマの色]は、プレゼンテーションに設定されているテーマとバリエーションで使用されている配色（68ページ参照）です。[テーマの色]から色を選択した場合、テーマやバリエーションを変更すると、それに合わせて図形の色も変わります。

💡 ヒント

塗りつぶしや枠線を付けたくない場合

図形の色を付けたくない（透明にしたい）場合は、手順❸で[塗りつぶしなし]をクリックします。また、図形の枠線を付けたくない場合は、手順❺で[枠線なし]をクリックします。

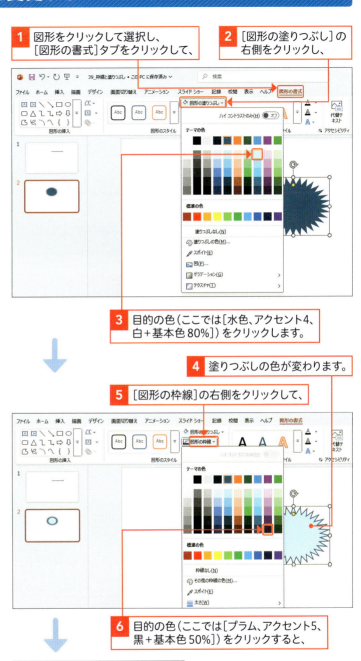

❶ 図形をクリックして選択し、[図形の書式]タブをクリックして、
❷ [図形の塗りつぶし]の右側をクリックし、
❸ 目的の色（ここでは[水色、アクセント4、白+基本色80％]）をクリックします。
❹ 塗りつぶしの色が変わります。
❺ [図形の枠線]の右側をクリックして、
❻ 目的の色（ここでは[プラム、アクセント5、黒+基本色50％]）をクリックすると、
❼ 図形の枠線の色が変わります。

39 図形の枠線や塗りつぶしの色を変更しよう

5 図形を作成しよう

121

Section 40 図形にグラデーションやスタイルを設定しよう

ここで学ぶこと
・グラデーション
・スタイル
・図形の効果

図形の塗りつぶしでは、単色だけでなく、**グラデーション**を設定することができます。また、枠線や塗りつぶしの色、影などの書式がセットされた**スタイル**が用意されており、図形の書式をかんたんに整えることができます。

練習▶40_グラデーションとスタイル

① グラデーションを設定する

解説

グラデーションを設定する

グラデーションを設定するには、[図形の書式]タブの[図形の塗りつぶし]→[グラデーション]から目的のグラデーションを選択します。グラデーションには淡色と濃色のバリエーションが用意されていますが、独自のグラデーションを設定することもできます。手順 5 で[その他のグラデーション]をクリックすると[図形の書式設定]作業ウィンドウが表示され、グラデーションの種類や方向、角度などを設定することができます。

1 [塗りつぶし(グラデーション)]をクリックして、

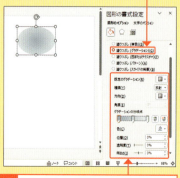

2 種類や方向、角度などを設定します。

1 図形をクリックして選択し、

2 [図形の書式]タブをクリックします。

3 [図形の塗りつぶし]の右側をクリックして、

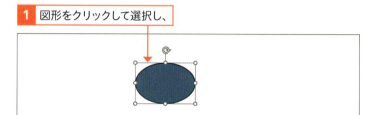

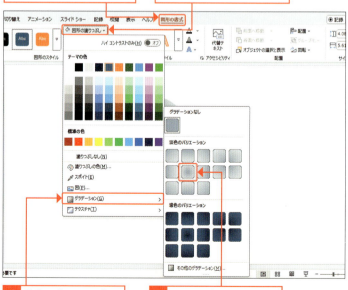

4 [グラデーション]にマウスポインターを合わせ、

5 目的のグラデーション(ここでは、[中央から])をクリックすると、

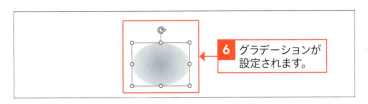

6 グラデーションが設定されます。

② スタイルを設定する

🗨 解説

スタイルを設定する

図形にスタイルを設定するには、図形を選択して、[図形の書式]タブの[図形のスタイル]グループから目的のスタイルを選択します。

✏ 補足

スタイルの配色

スタイルの配色は、プレゼンテーションに設定されているテーマやバリエーション（66ページ参照）によって異なります。

💡 ヒント

図形に効果を設定する

図形には、影や反射、光彩、ぼかし、面取り、3-D回転の効果を設定することができます。[図形の書式]タブの[図形の効果]をクリックして、目的の効果を選択します。

1 図形をクリックして選択し、
2 [図形の書式]タブをクリックして、

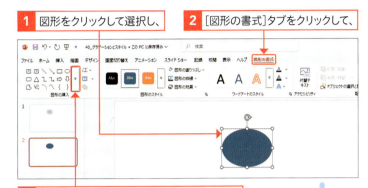

3 [図形のスタイル]のここをクリックします。

4 目的のスタイル（ここでは[パステル-オレンジ、アクセント2]）をクリックすると、

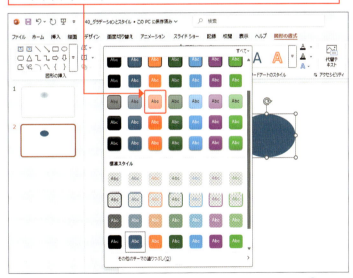

5 スタイルが設定されます。

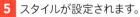
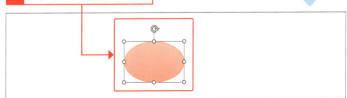

40 図形にグラデーションやスタイルを設定しよう

5 図形を作成しよう

123

Section 41 図形の中に文字を入力しよう

ここで学ぶこと
・図形の中の文字
・文字書式
・図形の書式設定

直線や曲線以外の**図形には文字を入力**することができます。図形を選択して、そのまま文字を入力します。また、入力した文字は、プレースホルダーと同様に[ホーム]タブでフォントやフォントサイズ、色などの**書式を設定**できます。

練習▶41_図形の中の文字

1 作成した図形に文字を入力する

解説

図形に文字を入力する

線以外の楕円や長方形、吹き出しなどの図形には、文字が入力できます。図形をクリックして選択すると、そのまま文字を入力することができます。

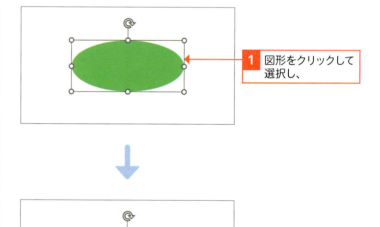

1 図形をクリックして選択し、

2 文字を入力します。

2 文字の書式を設定する

解説

文字の書式を設定する

図形内の文字は、フォントやフォントサイズ、フォントの色などの書式を設定できます。

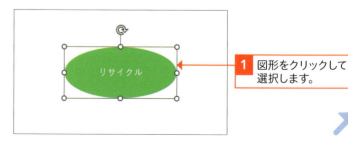

1 図形をクリックして選択します。

ヒント

一部の文字の書式を変更する

図形を選択した状態で書式を変更すると、図形に入力した文字全体に変更が適用されます。一部の文字だけ変更したい場合は、目的の文字をドラッグして選択し、書式を設定します。

応用技

[図形の書式]タブを利用する

図形内の文字は、[図形の書式]タブの[文字の塗りつぶし] や[文字の輪郭] で色を設定することもできます。文字と輪郭の色を変えることで、より強調させることができます。

補足

文字の配置を調整する

図形に入力した文字の配置や余白などを変更するには、図形を右クリックして[図形の書式設定]をクリックすると表示される[図形の書式設定]作業ウィンドウを利用します。[文字のオプション]から[テキストボックス]をクリックして、配置や自動調整などを設定します。

---

41 図形の中に文字を入力しよう

2 [ホーム]タブをクリックして、

3 [フォント]のここをクリックし、

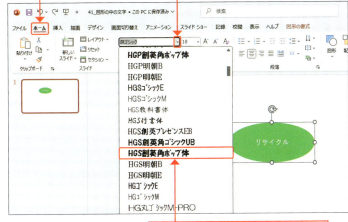

4 目的のフォントをクリックします。

5 [フォントの色]のここをクリックして、

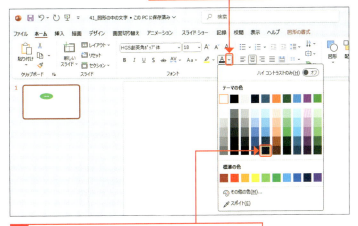

6 設定したい色(ここでは[濃い青緑、アクセント1、黒+基本色50%])をクリックすると、

7 フォントと文字色が変わります。

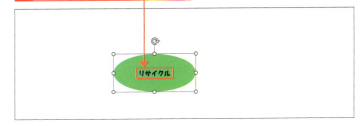

5 図形を作成しよう

125

Section 42 図形を結合しよう

ここで学ぶこと
・コネクタ
・結合点
・図形の結合

図形の**コネクタ**を利用すると、2つの図形を線や矢印で結合することができます。また、**図形の結合**を利用すると、複数の図形を結合して、通常の図形ではかんたんに作成できない複雑な図形を作成することができます。

練習▶42_図形の結合_1、図形の結合_2

1 コネクタで2つの図形を結合する

解説
コネクタで図形を結合する

複数の図形を線や矢印でつなげるには、コネクタを利用します。「コネクタ」とは、複数の図形を結合する線のことです。コネクタの種類には、直線やカギ線、曲線があり、「フローチャート」（処理の流れを表した図）のような図を作成することができます。

① 2つの図形を作成します。

② ［挿入］タブをクリックして、

③ ［図形］をクリックし、

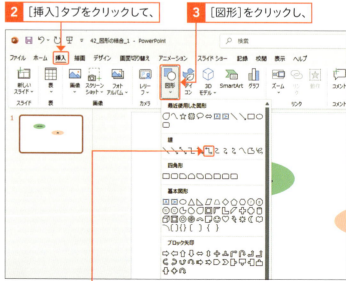

④ コネクタ（ここでは［コネクタ：カギ線双方向矢印］）をクリックします。

解説

結合点をコネクタで結ぶ

コネクタを選んで、図形にマウスポインターを近付けると図形の周囲に結合点が表示されます。この結合点どうしを、コネクタで結びます。結合点以外の部分にコネクタを描くと、図形を移動したときにコネクタは切り離されます。

5 マウスポインターを図形に近付けると、結合点が表示されます。

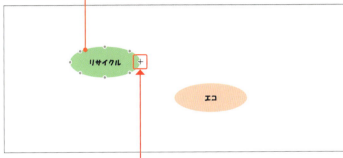

6 結合点にマウスポインターを合わせて、

7 もう1つの図形までドラッグすると、結合点が表示されます。

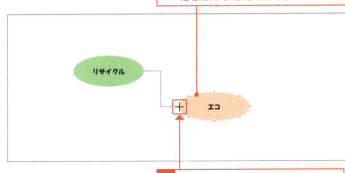

8 結合点でマウスのボタンを離すと、

9 2つの図形がコネクタで結合されます。

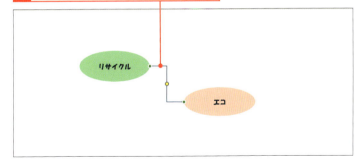

補足

結合部分が保持される

コネクタで結合された2つの図形は、どちらかを移動しても、コネクタが伸び縮みして、結合部分は保持されます。

② 複数の図形を接合して1つの図形にする

💬 解説

図形を結合する

図形を結合すると、複数の図形を1つの図形にしたり、重なっている部分を抽出したり、型抜きしたりして、別の形の図形を作成することができます。

1 一部を重ねた2つの図形を作成します。

2 結合する図形をすべて囲むようにドラッグして選択します。

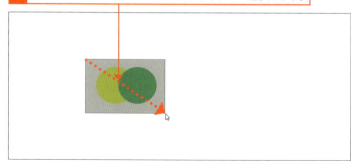

3 [図形の書式]タブをクリックして、

4 [図形の結合]をクリックし、

5 結合の種類（ここでは[接合]）をクリックすると、

6 図形が接合されます。

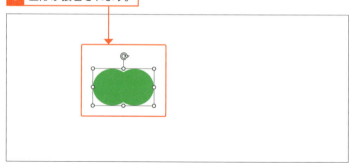

⚠ 注意

グループ化されていると結合できない

図形がグループ化（134ページ参照）されていると、結合はできません。グループを解除してから結合します。

③ 複数の図形を型抜き／合成する

解説

図形を型抜き／合成する

型抜きとは、複数の図形の重なり部分をくり抜くことです。
図形を型抜きして合成するには、[図形の書式]タブの[図形の結合]から[型抜き／合成]をクリックします。

応用技

図形を画像ファイルにする

結合した図形を画像ファイルとして使用するには、図形を右クリックして、[図として保存]をクリックし、名前を付けて保存します。

1 図形を右クリックして、

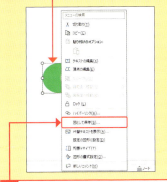

2 [図として保存]をクリックします。

1 適用させたい色の図形を先にクリックし（ここでは「緑」）、Ctrl を押しながら2つ目の図形をクリックします。

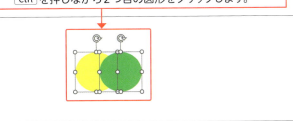

2 [図形の書式]タブをクリックして、

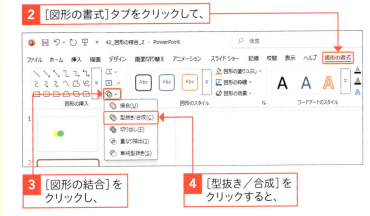

3 [図形の結合]をクリックし、

4 [型抜き／合成]をクリックすると、

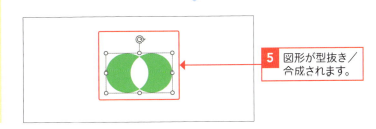

5 図形が型抜き／合成されます。

補足　図形の結合の種類

図形の結合には、ここで解説した[接合][型抜き/合成]以外に、[切り出し][重なり抽出][単純型抜き]があります。

切り出し　　　重なり抽出　　　単純型抜き

Section 43 図形の重なり順を調整しよう

ここで学ぶこと
・背面へ移動
・前面へ移動
・[選択]作業ウィンドウ

複数の図形を作成すると、あとから作成した図形が前面に配置されます。重なった図形は**前後の順序を変更**することができます。また、**[選択]作業ウィンドウ**を利用すると、隠れて選択できない図形を選択することができます。

練習▶43_図形の重なり順

1 図形の重なり順を変更する

解説

図形を背面／前面に移動する

複数の図形の重なり順を変更するには、移動したい図形を選択して、背面にある図形の1つ下（後ろ）に移動する場合は、[図形の書式]タブの[背面へ移動]をクリックします。背面にある図形を1つ上（前）に移動する場合は、[前面へ移動]をクリックします。
また、図形の重なり順は、[ホーム]タブの[配置]から変更することもできます。

1 重なり順を変えたい図形をクリックして選択します。
2 [図形の書式]タブをクリックして、

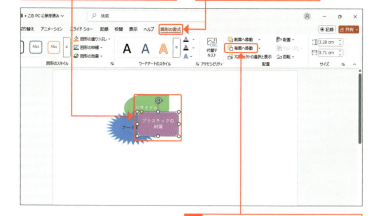

3 [背面へ移動]をクリックすると、

4 図形が1つ背面へ移動します。

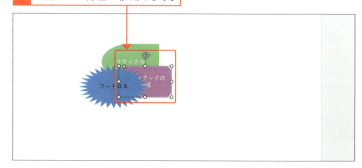

ヒント

最前面／最背面に移動する

選択した図形を最前面に移動したい場合は、[図形の書式]タブの[前面へ移動]の ˇ をクリックして、[最前面へ移動]をクリックします。最背面に移動したい場合は、[背面へ移動]の ˇ をクリックして、[最背面へ移動]をクリックします。

② [選択]作業ウィンドウを利用して重なり順を変更する

💬 解説
[選択]作業ウィンドウを利用する

[選択]作業ウィンドウでは、スライド上にあるすべてのオブジェクト(図形やテキストボックス、画像など)が一覧表示されます。背後に隠れて見えない図形を選択するときなどに利用すると便利です。手順**7**のように図形の重なり順を変更することもできます。

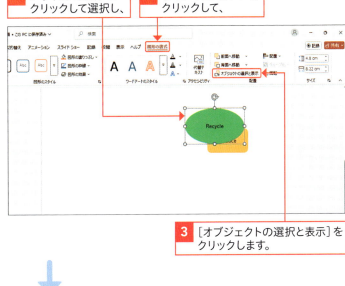

1 いずれかの図形をクリックして選択し、
2 [図形の書式]タブをクリックして、
3 [オブジェクトの選択と表示]をクリックします。

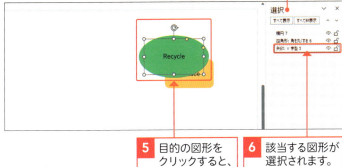

4 [選択]作業ウィンドウが表示されるので、
5 目的の図形をクリックすると、
6 該当する図形が選択されます。

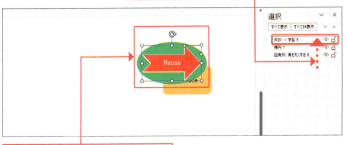

7 図形をドラッグすると、
8 重なりの順番を変更できます。

✨ 応用技
図形を非表示にする／ロックする

[選択]作業ウィンドウでは、編集作業中に邪魔になる場合や表示させたくない場合に、図形を非表示にすることができます。図形の👁をクリックすると、👁に変わり、スライド上の図形が非表示になります。再度クリックすると表示されます。また、図形を動かないようにロックすることもできます。図形の🔓をクリックすると、🔒に変わり、スライド上の図形がロックされます。再度クリックすると解除されます。

図形の重なり順を調整しよう

5 図形を作成しよう

43

131

Section 44 図形の配置を整えよう

ここで学ぶこと
・図形の配置
・複数の図形の選択
・スマートガイド

複数の図形を等間隔に配置したり、**上下中央に揃えたり**するには、[図形の書式]タブの[配置]を利用します。また、図形をドラッグしたときに表示される**スマートガイド**を利用しても、図形の配置を調整することができます。

練習 ▶ 44_図形の配置

1 複数の図形を左右等間隔に配置する

解説

複数の図形を選択する

複数の図形を選択するには、右のように図形を囲むようにドラッグするか、図形を Ctrl または Shift を押しながらクリックします。

1 揃えたい図形をすべて囲むようにドラッグして選択します。

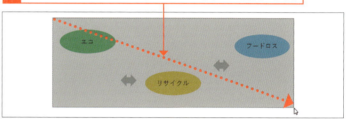

2 [図形の書式]タブをクリックして、

3 [配置]をクリックし、

4 [左右に整列]をクリックすると、

5 図形が左右等間隔に配置されます。

補足

配置方法の指定

[図形の書式]タブの[配置]では、複数の図形をページのどの場所に配置するかを指定します。複数の図形を左右や上下、中央を基準に並べたり、等間隔に並べたりすることができます。

❷ 複数の図形を上下中央に整列する

💬 解説
図形を整列する

複数の図形を左右均等に配置したり、上下中央に揃えたりする場合は、図形をすべて選択し、[図形の書式]タブの[配置]から整列するコマンドを指定します。
また、図形の配置や整列は、[ホーム]タブの[配置]から行うこともできます。

💡 ヒント
スライドに合わせて配置する

複数の図形の配置を揃える場合、選択した図形を基準にするか、スライドを基準にするかで配置が多少異なります。右の手順では図形どうしの間隔を整えるために、手順 4 で[選択したオブジェクトを揃える]をオンにしています（初期設定）。スライドを基準に図形を揃えたい場合は、[スライドに合わせて配置]をオンにします。スライドを基準にした場合は、スライドの左右に図形が広がって配置されます。

---

1 揃えたい図形をすべて囲むようにドラッグして選択します。

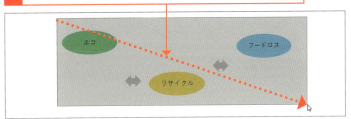

2 [図形の書式]タブをクリックして、

3 [配置]をクリックし、

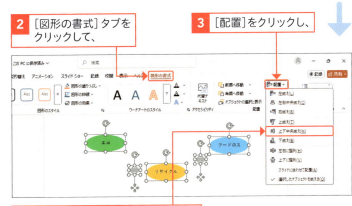

4 [上下中央揃え]をクリックすると、

5 図形が上下中央揃えで配置されます。

✨ 応用技　スマートガイドを利用する

図形をドラッグして移動すると、ほかの図形の端や中央と揃ったときや、ほかの図形との間隔が揃ったときに、赤い破線の「スマートガイド」が表示されます。これを目安にして、図形の配置を調整することもできます。

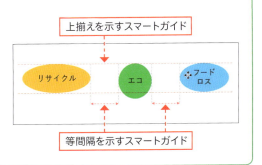

上揃えを示すスマートガイド

等間隔を示すスマートガイド

Section 45 複数の図形をグループ化しよう

ここで学ぶこと
- グループ化
- グループ解除
- 図形の選択の解除

グループ化とは、複数の図形をまとめて1つの図として扱えるようにすることです。図形を**グループ化**すると、まとめて移動したり、大きさを変更したりできます。また、一括して書式を変更することもできます。

練習▶45_図形のグループ化

1 複数の図形をグループ化する

重要用語

グループ化

「グループ化」とは、複数の図形を1つにまとめる機能のことです。グループ化すると、まとめて移動したり、大きさを変えたり、書式を変更したりすることができます。

1 グループ化する図形をすべて囲むようにドラッグして選択します。

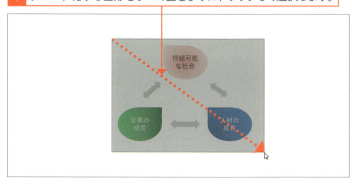

2 [図形の書式]タブをクリックして、

3 [グループ化]をクリックし、

補足

[ホーム]タブを利用してグループ化する

グループ化は、[ホーム]タブの[配置]から行うこともできます。また、複数の図形を選択して右クリックし、[グループ化]から[グループ化]をクリックしても行えます。

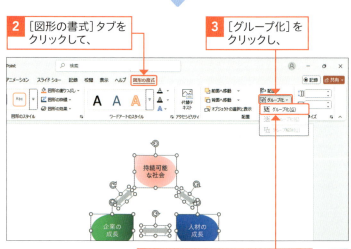

4 [グループ化]をクリックします。

5 選択した図形がグループ化されます。

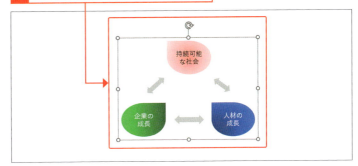

② グループを解除する

🗨 解説

グループを解除する

図形をグループ化すると書式設定や変更がかんたんに行えるので便利ですが、個々の図形の形や書式、位置などを変更する場合などは、一旦グループを解除する必要があります。変更後に、再度グループ化するとよいでしょう。

1 グループ化した図形をクリックして選択します。

2 ［図形の書式］タブの［グループ化］をクリックして、

3 ［グループ解除］をクリックすると、

4 グループが解除され、すべての図形が選択された状態になります。

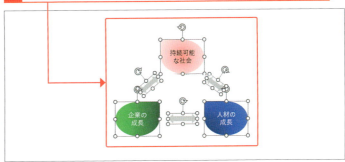

補足

［ホーム］タブを利用して解除する

グループを解除するには、［ホーム］タブの［配置］から行うこともできます。また、グループ化された図形の枠線上を右クリックして、［グループ化］から［グループ解除］をクリックしても解除できます。

5 図形以外をクリックして、図形の選択を解除します。

Section 46 アイコンを挿入しよう

ここで学ぶこと
・アイコン
・図形に変換
・グラフィックス形式

PowerPointには、**アイコン**というイラスト素材が多数用意されています。**カテゴリ**から絞り込んだり、**キーワード**で検索したりして、スライドに挿入することができます。色や形を変更することもできます。

練習▶ファイルなし

1 アイコンを挿入する

解説

アイコンを挿入する

「アイコン」は、物や動作をかんたんなイラストで表現した画像です。拡大しても画質が変わらず、図形と同じように扱えます。
右の手順では、カテゴリから絞り込んでいますが、キーワードで検索することもできます。また、プレースホルダーの[アイコンの挿入]をクリックしても挿入できます。

1 [挿入]タブをクリックして、
2 [アイコン]をクリックします。

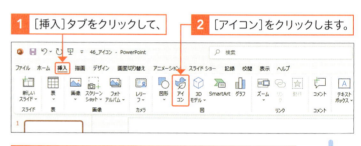

3 カテゴリ(ここでは[自然とアウトドア])をクリックして、

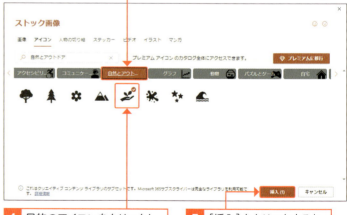

4 目的のアイコンをクリックし、
5 [挿入]をクリックすると、
6 アイコンが挿入されます。

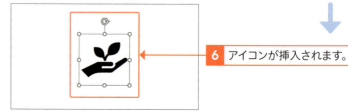

ヒント

アイコンを削除する

挿入したアイコンを削除するには、アイコンを選択して、[Delete]または[Back space]を押します。

② アイコンの一部の色を変更する

解説

図形に変換する

パーツから構成されているアイコンの場合は、図形に変換すると、パーツごとに色を変えたり、不要なパーツを Delete を押して削除したりすることができます。

1 アイコンをクリックして選択します。

2 [グラフィックス形式]タブをクリックして、

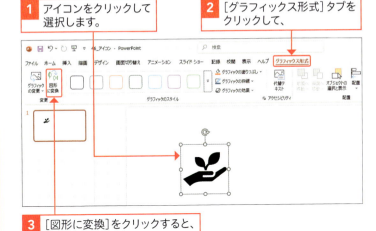

3 [図形に変換]をクリックすると、

4 アイコンが図形に変換されます。

5 色を変えたいパーツをクリックして、

6 [図形の書式]タブの[図形の塗りつぶし]の右側をクリックして、

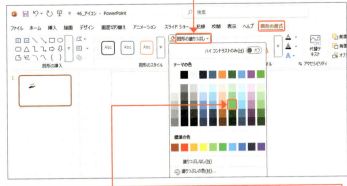

7 目的の色（ここでは[濃い緑、アクセント3、白+基本色40％]）をクリックすると、

8 指定したパーツのみ色が変わります。

ヒント

アイコンの色を変更する

アイコン全体の色を変更するには、[グラフィックス形式]タブをクリックして、[グラフィックの塗りつぶし]の右側をクリックし、色をクリックします。

Section 47 SmartArtで図表を作ろう

ここで学ぶこと
- SmartArtグラフィック
- 文字の入力
- 箇条書きの増減

SmartArtは、あらかじめデザインされた図表をかんたんに作成できるツールです。リストや手順、循環、階層構造といった複数の図表が用意されています。**レイアウトを選択**して挿入し、**文字を入力**して完成させます。

練習▶47_SmartArtの挿入

1 SmartArtを挿入する

重要用語
SmartArt

「SmartArt」とは、視覚的に情報を表現するための図表作成ツールです。リスト、循環、階層構造、マトリックスなど、さまざまな図表を挿入し、必要な文字情報や画像を挿入することで伝えたい内容を効果的に表現できます。

1 プレースホルダーの[SmartArtグラフィックの挿入]をクリックします。

2 目的の種類(ここでは[階層構造])をクリックして、

3 目的のレイアウト(ここでは[氏名／役職名付き組織図])をクリックし、

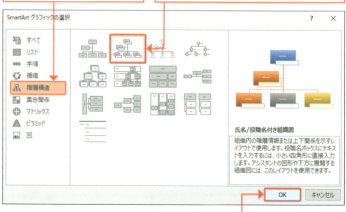

4 [OK]をクリックすると、

補足
[挿入]タブからSmartArtを挿入する

SmartArtは、[挿入]タブの[SmartArt]をクリックしても挿入できます。

5 SmartArtが挿入されます。

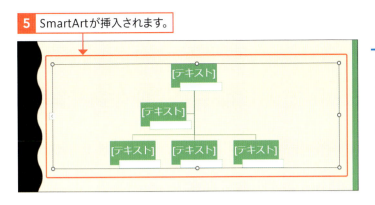

47 SmartArtで図表を作ろう

② SmartArtに文字を入力する

🗨 解説

SmartArtに文字を入力する

SmartArtの「テキスト」部分には文字を入力できます。文字は、[ホーム]タブで、フォントやフォントサイズ、フォントの色などの書式を設定できます。
また、入力してあるテキストからSmartArtを作成することもできます（144ページ参照）。

1 図形をクリックして選択し、　　2 文字を入力します。

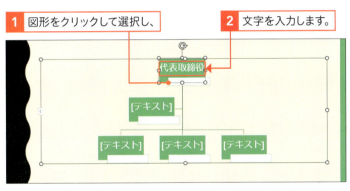

💡 ヒント

箇条書きの増減

選択したSmartArtグラフィックによっては、箇条書きの文字を入力するものがあります。設定されている箇条書きの数が不足している場合は、箇条書きの行末にカーソルを移動して、Enterを押すと追加できます。多い場合は、箇条書きの行末にカーソルを移動して、Deleteを押すと削除できます。

3 ほかの図形をクリックして、　　4 文字を入力します。

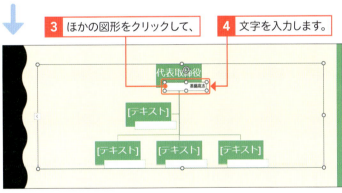

5 ほかの図形にも文字を入力します。

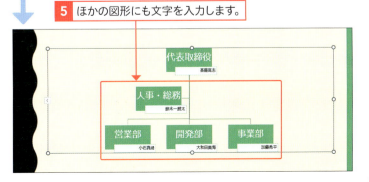

5 図形を作成しよう

139

Section 48 SmartArtの図形を増やそう

ここで学ぶこと
・図形の追加
・後に図形を追加
・レベル

作成したSmartArtには**図形のパーツを追加**することができます。追加したい位置の隣または前後に配置されている図形を選択して、［SmartArtのデザイン］タブの［図形の追加］から、**図形を追加する位置を指定**します。

練習▶48_SmartArt_図形の追加

① 同じレベルの図形を追加する

解説

図形を追加する

SmartArtグラフィックの図形の数は、図表によって異なります。図形の数が少ない場合は、右の手順で追加できます。

1 図形を追加する位置の図形をクリックして選択します。

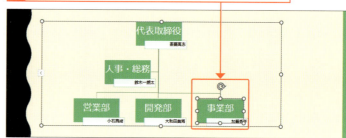

2 ［SmartArtのデザイン］タブをクリックして、

3 ［図形の追加］のここをクリックし、

4 ［後に図形を追加］をクリックすると、

5 同じレベルの図形が追加されます。

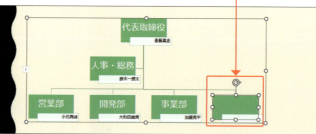

ヒント

同じレベルの図形を追加する

SmartArtグラフィックに同じレベルの図形を追加するには、図形をクリックして選択し、［SmartArtのデザイン］タブの［図形の追加］から［後に図形を追加］または［前に図形を追加］をクリックします。

❷ レベルの異なる図形を追加する

💬 解説

レベルの異なる図形を追加する

階層構造のように「レベル」が図形に設定されている場合は、レベルを指定して図形を追加することができます。図形をクリックして選択し、［SmartArtのデザイン］タブの［図形の追加］から［上に図形を追加］または［下に図形を追加］をクリックします。
また、組織図などSmartArtグラフィックの種類によっては、アシスタントが追加できるものもあります。

💡 ヒント

図形のレベルを上げる／下げる

組織図などでは、図形のレベルを上げたり下げたりすることができます。目的の図形をクリックして選択し、［SmartArtのデザイン］タブの［レベル上げ］／［レベル下げ］をクリックします。

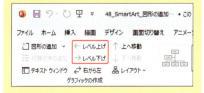

---

1 図形を追加する位置の図形をクリックして選択します。

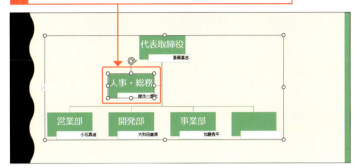

⬇

2 ［SmartArtのデザイン］タブをクリックして、

3 ［図形の追加］のここをクリックし、

4 ［上に図形を追加］をクリックすると、

⬇

5 上のレベルの図形が追加されます。

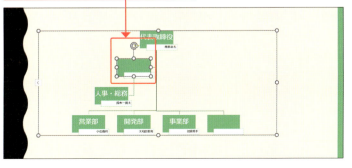

Section 49 SmartArtのスタイルや色を変更しよう

ここで学ぶこと
・スタイル
・色の変更
・レイアウトの変更

[SmartArtのデザイン]タブを利用すると、SmartArtのスタイルやカラーバリエーションを変更することができます。また、[書式]タブを利用すると、SmartArtの図形の色を個別に変更することができます。

練習▶49_SmartArt_スタイルや色の変更

1 SmartArtのスタイルを変更する

解説 SmartArtのスタイルを変更する

[SmartArtのデザイン]タブの[SmartArtのスタイル]には、白枠やグラデーション、3-Dなどの書式が設定されたスタイルが用意されています。

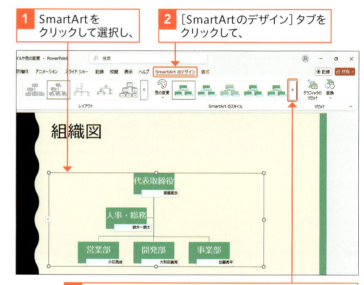

1 SmartArtをクリックして選択し、
2 [SmartArtのデザイン]タブをクリックして、
3 [SmartArtのスタイル]グループのここをクリックします。

ヒント SmartArtのレイアウトを変更する

作成したSmartArtのレイアウトを変更することができます。SmartArtを選択し、[SmartArtのデザイン]タブの[レイアウト]グループから目的のレイアウトを選択します。
一覧に目的のレイアウトが表示されない場合は、[その他のレイアウト]をクリックし、[SmartArtグラフィックの選択]ダイアログボックス(138ページ参照)から選択します。

4 目的のスタイル(ここでは[立体グラデーション])をクリックすると、

5 スタイルが変更されます。

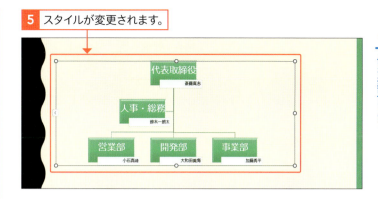

> 💬 **解説**
>
> **変更をもとに戻す**
>
> SmartArtグラフィックを変更したあとでもとに戻したい場合は、[SmartArtのデザイン]タブの[グラフィックのリセット]をクリックします。

② SmartArtの色を変更する

1 SmartArtをクリックして選択し、[SmartArtのデザイン]タブをクリックします。

2 [色の変更]をクリックして、

> 💬 **解説**
>
> **SmartArt全体の色を変更する**
>
> SmartArtグラフィック全体の色を変更するには、[SmartArtのデザイン]タブの[色の変更]から、目的の色をクリックします。一覧に表示される色は、プレゼンテーションに設定されているテーマやバリエーション（66ページ参照）によって異なります。

3 目的の色（ここでは[カラフル-アクセント4から5]）をクリックすると、

4 SmartArtの色が変更されます。

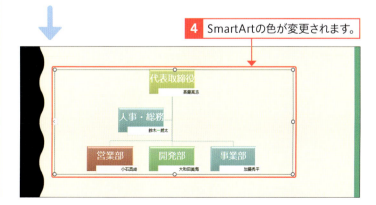

> ✨ **応用技**
>
> **図形の色を個別に変更する**
>
> SmartArtグラフィックの図形の色を個別に変更するには、目的の図形をクリックして選択し、[書式]タブの[図形の塗りつぶし]をクリックして、目的の色をクリックします。

Section 50 テキストからSmartArtを作ろう

ここで学ぶこと
- SmartArtに変換
- テキストに変換
- レイアウトの選択

入力済みの**テキスト**を**SmartArt**に**変換**することができます。プレースホルダーを選択してレイアウトを選ぶだけで、かんたんにSmartArtに変換できます。また、**SmartArt**を**テキスト**に**変換**することも可能です。

練習▶50_テキストをSmartArtに変換

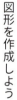

① テキストをSmartArtに変換する

解説
SmartArtに変換する

テキストをSmartArtに変換するには、テキストが階層構造になっている必要があります（94ページ参照）。テキストが入力されたプレースホルダーを選択するか、プレースホルダー内にカーソルを移動して、[ホーム]タブの[SmartArtに変換]をクリックし、レイアウトを選択します。一覧に目的のレイアウトが表示されない場合は、[その他のSmartArtグラフィック]をクリックして、[SmartArtグラフィックの選択]ダイアログボックスから選択します。

1 階層構造のテキストが入力されているプレースホルダーをクリックして選択します。

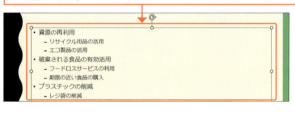

2 [ホーム]タブの[SmartArtに変換]をクリックして、

3 目的のレイアウト（ここでは[縦方向ボックスリスト]）をクリックすると、

4 テキストがSmartArtに変換されます。

144

② SmartArtをテキストに変換する

解説

テキストに変換する

SmartArtを選択して、[SmartArtのデザイン]タブの[変換]をクリックし、[テキストに変換]をクリックすると、SmartArtがテキストに変換されます。
なお、SmartArtに画像を配置している場合は、画像が削除されます。

1 SmartArtをクリックして選択します。

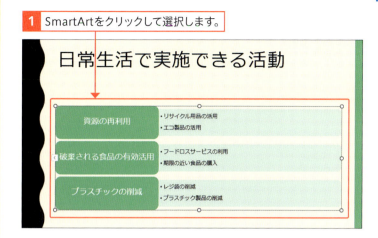

2 [SmartArtのデザイン]タブをクリックして、

3 [変換]をクリックし、

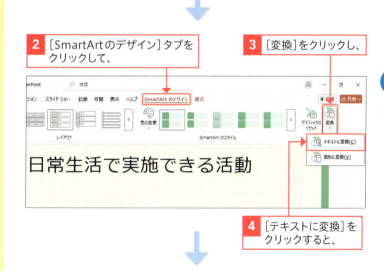

4 [テキストに変換]をクリックすると、

5 SmartArtがテキストに変換されます。

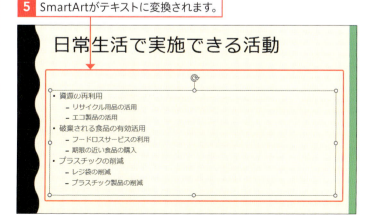

Section 51 SmartArtを図形に変換しよう

ここで学ぶこと
・図形に変換
・グループ化
・サイズ変更

SmartArtは、[SmartArtのデザイン]タブの[変換]から、**図形に変換**することができます。図形に変換した直後は**グループ化**されています。図形に変換すると、各図形のサイズを変更したり、移動したりすることができます。

練習▶51_SmartArtを図形に変換

1 SmartArtを図形に変換する

図形に変換する

SmartArtはまとまったグラフィックですが、図形に変換すると、通常の図形扱いとなり、各図形を個別に扱うことができるようになります。

1 SmartArtをクリックして選択します。

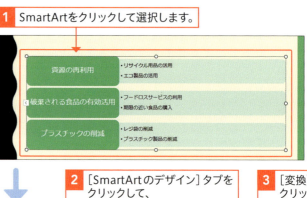

2 [SmartArtのデザイン]タブをクリックして、

3 [変換]をクリックし、

4 [図形に変換]をクリックすると、

5 SmartArtが図形に変換されます。

 補足

図形はグループ化されている

SmartArtを図形に変換した直後は、グループ化された状態です（134ページ参照）。図形を個別に扱うには、[図形の書式]タブをクリックして、[グループ化]から[グループ解除]をクリックして、グループ化を解除します。

❷ 図形のサイズを個別に変更する

解説

各図形を編集する

図形に変換したあとは、通常の図形と同様に、サイズを変更したり、削除したり、移動したり、色を付けたりすることができます。

図形のサイズを数値で設定する

近い位置の図形どうしはドラッグでサイズを揃えられますが、離れた図形のサイズを統一させたい場合は数値で設定したほうが確実です。[書式]タブの[サイズ]で[高さ]と[幅]を指定します。

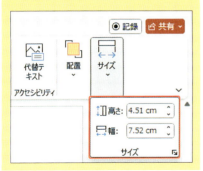

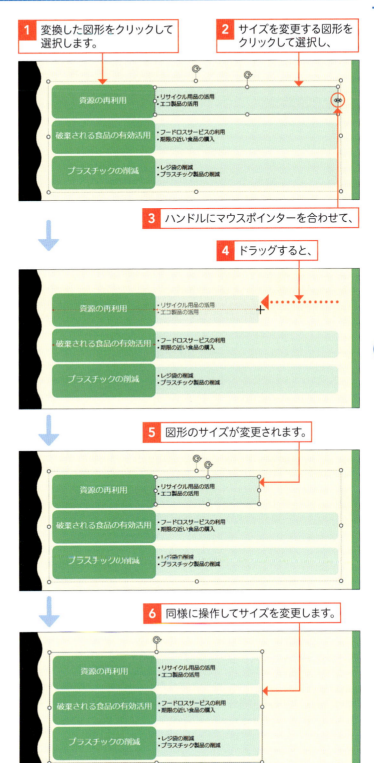

1 変換した図形をクリックして選択します。
2 サイズを変更する図形をクリックして選択し、
3 ハンドルにマウスポインターを合わせて、
4 ドラッグすると、
5 図形のサイズが変更されます。
6 同様に操作してサイズを変更します。

Section 52 図形の書式を既定に設定しよう

ここで学ぶこと
・図形の書式
・既定の図形に設定
・既定の書式の適用

図形の作成時に適用される書式は、プレゼンテーションに設定されているテーマやバリエーションごとに決まっています。書式を変更した図形を**既定の図形に設定**すると、それ以降に作成する図形には、既定にした図形の書式が適用されます。

練習▶52_既定の書式の設定

1 図形の書式を既定に設定する

解説 図形の書式を既定に設定する

図形を作成すると、テーマやバリエーションに既定されている色で塗りつぶされます。塗りつぶしの色やフォントなどの書式を変更した図形を既定の図形に設定すると、それ以降に作成する図形にはこの書式が適用されます。

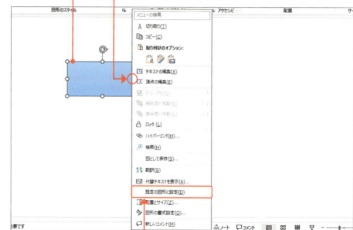

1 図形を作成して書式（ここでは塗りつぶしの色）を変更します。

2 図形を右クリックして、

3 ［既定の図形に設定］をクリックします。

4 新しく図形を作成すると、既定にした図形の書式が適用されます。

補足 既定の反映

変更した既定の図形が適用されるのは、同じプレゼンテーションファイルだけです。新しく作成したプレゼンテーションには反映されません。

第 **6** 章

表やグラフを挿入しよう

Section 53　表を挿入しよう

Section 54　表に文字を入力しよう

Section 55　行と列を選択／追加／削除しよう

Section 56　表のサイズや位置を調整しよう

Section 57　行の高さや列の幅を調整しよう

Section 58　セルを結合／分割しよう

Section 59　罫線の種類や色を変更しよう

Section 60　Excelの表を挿入しよう

Section 61　グラフの基本を知ろう

Section 62　グラフを挿入しよう

Section 63　グラフ要素の表示項目を変更しよう

Section 64　グラフの縦軸の設定を変更しよう

Section 65　グラフのデザインを変更しよう

Section 66　Excelのグラフを挿入しよう

この章で学ぶこと

表やグラフの活用方法を知ろう

▶ 表を作成する

情報を整理、比較してわかりやすく伝えるには、表を利用します。
PowerPointでは、行数と列数を指定するだけで、かんたんに表を挿入することができます。
表を挿入して各セルに文字を入力したら、文字を中央や右揃えに配置する、見出しの行や列の塗りつぶしの色を変える、罫線の種類や太さを変えるなど、表が見やすくなるように編集します。

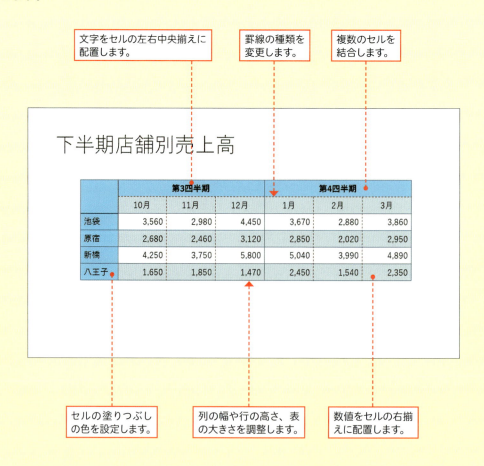

6 表やグラフを挿入しよう

- 文字をセルの左右中央揃えに配置します。
- 罫線の種類を変更します。
- 複数のセルを結合します。
- セルの塗りつぶしの色を設定します。
- 列の幅や行の高さ、表の大きさを調整します。
- 数値をセルの右揃えに配置します。

グラフを作成する

データの推移や比較をひとめでわかりやすく示すには、グラフを利用します。PowerPointでは、数値データから棒グラフや折れ線グラフ、円グラフなど、さまざまなグラフをかんたんに作成することができます。データの内容に合った適切なグラフの種類を選択します。

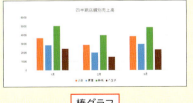
棒グラフ

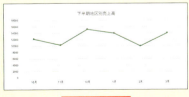
折れ線グラフ

円グラフ

グラフは、グラフの種類を選択し、データを入力して作成します。グラフを挿入したら、不要なグラフ要素を非表示にしたり、必要な情報を追加したり、スタイルや色を変更したりして、グラフが見やすくなるように編集します。

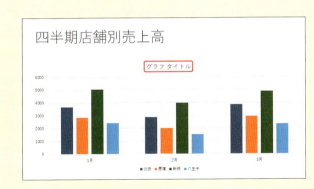

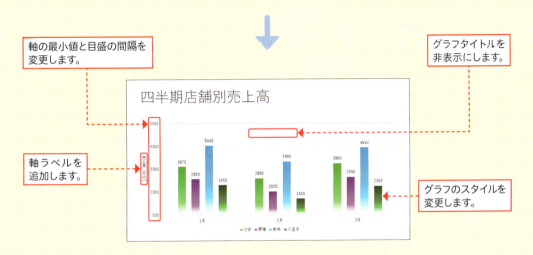

Section 53 表を挿入しよう

ここで学ぶこと
- 表
- セル
- 表のスタイル

表を作成するには、プレースホルダーの［表の挿入］または［挿入］タブの［表］を利用して、**列数と行数を指定**し、表の枠組みを作成します。表にはさまざまな**スタイル**が用意されており、表の体裁をかんたんに整えることができます。

練習▶53_表の挿入

1 プレースホルダーから表を挿入する

解説
プレースホルダーから表を挿入する

プレースホルダーにある［表の挿入］をクリックして表示される［表の挿入］ダイアログボックスで、表の列数と行数を指定し、表を挿入します。

重要用語
列／行／セル

「列」とは表の縦のまとまり、「行」とは横のまとまりのことです。また、表のマス目を「セル」といいます。

1 プレースホルダーの［表の挿入］をクリックすると、

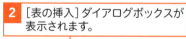

2 ［表の挿入］ダイアログボックスが表示されます。

3 表の列数を数値で指定して、

4 表の行数を数値で指定し、

5 ［OK］をクリックすると、

補足
行の高さと列幅

行の高さは既定のサイズで作成されます。列の幅は、指定した列数で均等に設定されます。

6 表の枠組みが作成されます。

② [挿入]タブから表を挿入する

解説
[挿入]タブから表を挿入する

[挿入]タブの[表]では、右の手順のほかに、[表の挿入]から列数と行数を指定する、[罫線を引く]からスライド上でドラッグして表を作成する、[Excelワークシート]からExcelの表を作成する、の4通りの方法が用意されています。
なお、[挿入]タブの[表]から表を挿入した場合、プレースホルダーを選択した状態では、プレースホルダーが表に置き換わります。プレースホルダーを選択していない場合は、スライドの中央に配置されます。

1 [挿入]タブをクリックして、
2 [表]をクリックし、

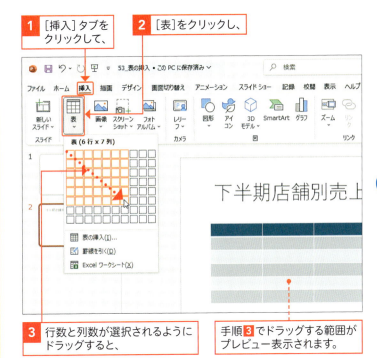

3 行数と列数が選択されるようにドラッグすると、

手順3でドラッグする範囲がプレビュー表示されます。

ヒント
行数と列数の制限

右の手順では、表示されるマス目をドラッグして、8行、10列以内の表を挿入することができます。8行、10列よりも大きい表を作成したい場合は、手順3で[表の挿入]をクリックして表示される[表の挿入]ダイアログボックス（152ページ参照）で作成します。

4 目的の行数と列数（ここでは6行×7列）で、表の枠組みが作成されます。

③ 表にスタイルを設定する

解説

表のスタイルを変更する

［テーブルデザイン］タブの［表のスタイル］には、セルの背景色や罫線の色などを組み合わせたスタイルが用意されており、表の体裁をかんたんに整えることができます。また、［表スタイルのオプション］で変更することもできます（155ページの「応用技」参照）。

1 表をクリックして選択します。

2 ［テーブルデザイン］タブをクリックして、

3 ［表のスタイル］グループのここをクリックし、

4 目的のスタイル（ここでは［淡色スタイル3-アクセント1］）をクリックすると、

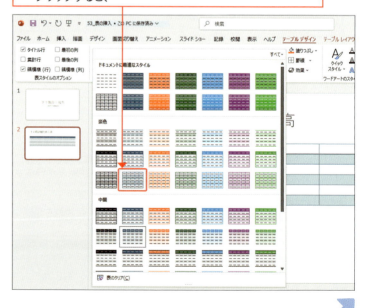

ヒント

個別に色を付ける

セル単位や行列単位で色を付けたい場合は、［テーブルデザイン］タブの［塗りつぶし］を利用します（167ページの「応用技」参照）。

補足
表の配色の変更

スタイルを変更したあとにプレゼンテーションのテーマやバリエーションを変更すると(66ページ参照)、表の色が変更後の配色に変わります。

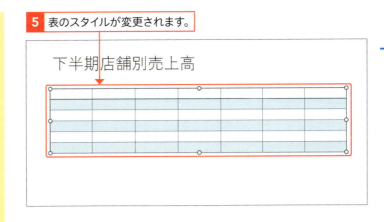

5 表のスタイルが変更されます。

応用技　表スタイルのオプションの設定

[テーブルデザイン]タブの[表スタイルのオプション]グループでは、表のスタイルを適用する要素をオン／オフで指定できます。指定した要素に合わせて、表のスタイルが変更されます。

要素	内容
タイトル行	最初の行に書式を適用します。
集計行	合計の行など、最後の行に書式を適用します。
縞模様（行）	偶数と奇数の行を異なる書式にして、縞模様で表示します。
最初の列	最初の列に書式を適用します。
最後の列	最後の列に書式を適用します。
縞模様（列）	偶数と奇数の列を異なる書式にして、縞模様で表示します。

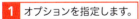

1 オプションを指定します。

2 タイトル行と最初の列が強調され、縞模様が設定されます。

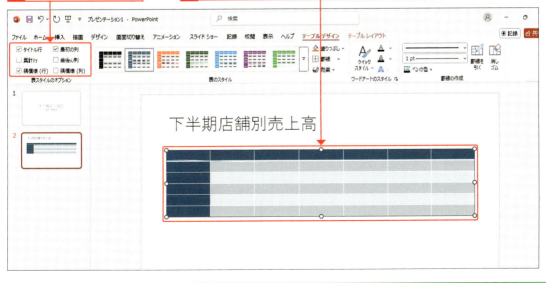

Section 54 表に文字を入力しよう

ここで学ぶこと
- 文字の入力
- セル間の移動
- 文字の配置

表の枠組みを作成したら、**セル内に文字を入力**します。表に入力した文字は、[テーブルレイアウト] タブで**文字の配置を変更**したり、[ホーム] タブでフォントサイズやフォント、色などの書式を変更したりすることができます。

練習▶54_文字の入力

1 セルに文字を入力する

解説
セル内のカーソルを移動する

セルに文字を入力するには、入力するセルにカーソルを移動します。ほかのセルにカーソルを移動するには、目的のセルをクリックするか、キーボードの矢印キーを押します。
また、[Tab] を押すと右（次）のセルへ移動し、[Shift] を押しながら [Tab] を押すと、左（前）のセルへ移動します。

ヒント
文字に書式を設定する

フォントサイズやフォント、色などの書式は、プレースホルダー内の文字と同様に [ホーム] タブの各コマンドで設定できます。

1 目的のセルをクリックして、カーソルを移動します。

2 文字を入力して、[Tab] または矢印キーを押すと、

3 カーソルが右のセルに移動します。

4 同様の手順で、ほかのセルにも文字を入力します。

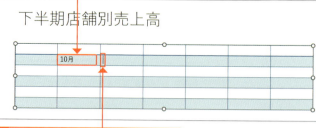

❷ 文字の配置を調整する

💬 解説
セル内の文字の横位置を変更する

セル内の文字の横位置は、［テーブルレイアウト］タブの［左揃え］、［中央揃え］、［右揃え］から変更できます。
また、［ホーム］タブの［段落］グループから変更することもできます。

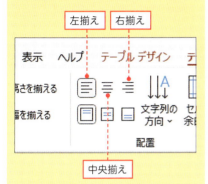

💡 ヒント
セル内の文字の縦位置を変更する

セル内の文字の縦位置は、［テーブルレイアウト］タブの［上揃え］［上下中央揃え］、［下揃え］から変更できます。
また、［ホーム］タブの［文字の配置］から変更することもできます。

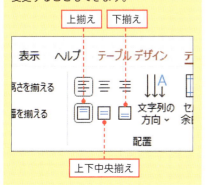

---

1 配置を調整したい行をドラッグして選択します。

2 ［テーブルレイアウト］タブをクリックして、

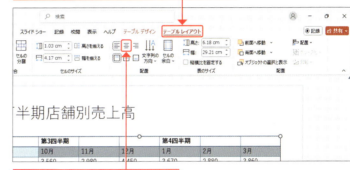

3 ［中央揃え］をクリックすると、

4 文字がセルの左右中央に配置されます。

5 数値を入力したセルは［右揃え］に配置します。

Section

55 行と列を選択／追加／削除しよう

ここで学ぶこと

- ・行／列の選択
- ・行／列の追加
- ・行／列の削除

行や列単位で複製や移動、書式変更をする場合、目的の行や列を**選択**しておく必要があります。また、**行や列を追加**したり、**削除**したりする場合は、セルにカーソルを移動するか、行や列を選択した状態で操作します。

練習▶55_行と列の選択、追加、削除

① 行／列を選択する

解説

行や列を選択する

行を選択するには、行の左側または右側にマウスポインターを合わせ、形が ➡ ⬅ に変わったところでクリックします。そのまま縦にドラッグすると、複数の行を選択できます。列を選択するには、列の上部または下部にマウスポインターを合わせ、形が ⬇ ⬆ に変わったところでクリックします。そのまま横にドラッグすると、複数の列を選択できます。
行や列の「選択」は、複製や移動、書式変更などに利用します。

1 選択する列の上にマウスポインターを合わせて、形が ⬇ に変わった状態でクリックすると、

下半期店舗別売上高

	第3四半期			第4四半期		
	10月	11月	12月	1月	2月	3月
池袋	3,560	2,980	4,450	3,670	2,880	3,860
原宿	2,680	2,460	3,120	2,850	2,020	2,950
新橋	4,250	3,750	5,800	5,040	3,990	4,890
八王子	1,650	1,850	1,470	2,450	1,540	2,350

2 列が選択されます。　　**3** そのまま横へドラッグすると、

下半期店舗別売上高

	第3四半期			第4四半期		
	10月	11月	12月	1月	2月	3月
池袋	3,560	2,980	4,450	3,670	2,880	3,860
原宿	2,680	2,460	3,120	2,850	2,020	2,950
新橋	4,250	3,750	5,800	5,040	3,990	4,890
八王子	1,650	1,850	1,470	2,450	1,540	2,350

4 複数の列が選択されます。

下半期店舗別売上高

	第3四半期			第4四半期		
	10月	11月	12月	1月	2月	3月
池袋	3,560	2,980	4,450	3,670	2,880	3,860
原宿	2,680	2,460	3,120	2,850	2,020	2,950
新橋	4,250	3,750	5,800	5,040	3,990	4,890
八王子	1,650	1,850	1,470	2,450	1,540	2,350

行を選択するには、この状態でクリックします。

② 行／列を追加する

解説 — 行や列を追加する

行を追加するには、追加する位置の行を選択して、[テーブルレイアウト]タブの[行を上に挿入]／[下に行を挿入]をクリックします。

列を追加するには、追加する位置の列を選択して、[テーブルレイアウト]タブの[列を左に挿入]／[列を右に挿入]をクリックします。

なお、行や列を選択するかわりに、目的の行または列のセルにカーソルを移動しても、同様の手順で追加できます。

1 追加する位置の行を選択します。

2 [テーブルレイアウト]タブをクリックして、

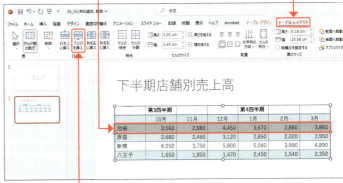

3 [下に行を挿入]をクリックすると、

4 選択した行の下側に行が挿入されます。

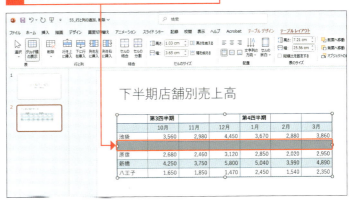

解説 — 表を削除する

表を削除するには、表内のいずれかのセルにカーソルを移動し、[テーブルレイアウト]タブの[削除]をクリックして、[表の削除]をクリックします。

また、表の枠線をクリックして表全体を選択し、Delete または Back space を押しても削除できます。

ヒント — 行や列を削除する

行を削除するには、削除する行を選択して、[テーブルレイアウト]タブの[削除]をクリックし、[行の削除]をクリックします。また、列を削除するには、削除する列を選択して、[テーブルレイアウト]タブの[削除]をクリックし、[列の削除]をクリックします。

なお、行や列を選択するかわりに、目的の行または列のセルにカーソルを移動しても、同様の手順で削除できます。

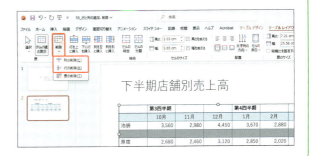

Section 56 表のサイズや位置を調整しよう

ここで学ぶこと
- 表のサイズ
- 表の位置
- 縦横比の固定

表のサイズを変更するには、表を選択すると表示される**ハンドルをドラッグ**します。また、[テーブルレイアウト]タブで、**数値を指定して変更**することも可能です。表の枠線をドラッグすると、位置を調整することができます。

練習▶56_表のサイズと位置

① 表のサイズを調整する

解説　表のサイズを変更する

表のサイズを変更するには、表を選択して表示されるハンドルをドラッグします。なお、表の縦横比を変えずにサイズを変更するには、[Shift]を押しながら四隅のハンドルをドラッグします。

応用技　表のサイズを数値で指定する

表を選択して、[テーブルレイアウト]タブの[表のサイズ]グループの[高さ]と[幅]に、それぞれ数値を入力します。[縦横比を固定する]をオンにしてから、[高さ]と[幅]のどちらかに数値を入力すると、もう一方が縦横比の数値で指定されます。

1 表をクリックして選択します。

2 ハンドルにマウスポインターを合わせて、

3 ドラッグすると、

4 表のサイズが変わります。

② 表の位置を調整する

解説
表の位置を変更する

表の位置を移動するには、表を選択して、枠線にマウスポインターを合わせ、形が ⊹ に変わった状態でドラッグします。なお、表を水平方向や垂直方向に移動するには、[Shift]を押しながらドラッグします。

応用技
スライドの中央に配置する

表をスライドの左右中央や上下中央に配置したい場合は、表を選択して、[テーブルレイアウト]タブの[配置]をクリックし、目的の位置をクリックします。

1 表をクリックして選択します。

2 枠線にマウスポインターを合わせて、

3 ドラッグすると、

スライドと表の左右中央が合ったことを示すスマートガイドが表示されます。

4 表が移動します。

Section 57 行の高さや列の幅を調整しよう

ここで学ぶこと
・行の高さ
・列の幅
・幅を揃える

セルの文字の分量に対して、行が高すぎたり、列の幅が広すぎたりする場合は、**行の高さや列の幅を調整**します。それぞれドラッグすると変更できますが、数値で指定することも可能です。**複数の行や列の高さや幅を揃える**こともできます。

📁 練習▶57_行の高さと列の幅

1 列の幅／行の高さを調整する

解説

行の高さや列の幅を変更する

行の高さを変更するには、横の罫線にマウスポインターを合わせ、形が ÷ に変わった状態で上下にドラッグします。列の幅を変更するには、縦の罫線にマウスポインターを合わせ、形が ╫ に変わった状態で左右にドラッグします。

応用技

数値で指定する

行の高さや列の幅は、数値で指定することもできます。目的の行または列を選択し、[テーブルレイアウト] タブの [セルのサイズ] グループの [高さ] と [幅] に、それぞれ数値を入力します。

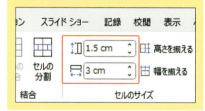

1 マウスポインターを縦の罫線に合わせて、形が ╫ に変わった状態で、

2 ドラッグすると、

3 列の幅が変わります。

行の高さを調整するには、この状態でドラッグします。

② 列の幅／行の高さを揃える

解説

列の幅を揃える

前ページのように個別の列幅を変更すると、隣の列の幅のみに影響が出ます。複数の列をすべて同じ幅にするには、[テーブルレイアウト]タブの[幅を揃える]をクリックします。

1 幅を揃えたい列をドラッグして選択します。

2 [テーブルレイアウト]タブをクリックして、

3 [幅を揃える]をクリックすると、

4 選択した列の幅が均等に揃います。

ヒント

行の高さを揃える

行の高さを揃えるには、目的の行を選択して、[テーブルレイアウト]タブの[高さを揃える]をクリックします。

Section 58 セルを結合／分割しよう

ここで学ぶこと
・セルの結合
・セルの分割
・セルの選択

隣接する複数のセルを1つのセルにまとめたい場合は、**セルの結合**を利用します。また、1つのセルを複数のセルに分割したい場合は、**セルの分割**を利用します。セルを分割するときは、分割後の列数と行数を指定します。

練習▶58_セルの結合と分割

① セルを結合する

重要用語

セルの結合

隣接する複数のセルを1つにまとめることを「セルの結合」といいます。複数の行や列にわたる項目に見出しを付ける場合などに利用します。
結合するそれぞれのセルに文字が入力されている場合は、結合されたセルに改行された状態で表示されます。

ヒント

セルの選択

セルを選択するには、セルの左下にマウスポインターを合わせ、形が ➚ に変わった状態でクリックします。そのままドラッグすると、複数のセルを選択できます。また、セルをクリックして、カーソルを表示した状態でドラッグしても選択できます。

1 結合したいセルをドラッグして選択します。

2 [テーブルレイアウト]タブをクリックして、

3 [セルの結合]をクリックすると、

4 セルが結合されます。

5 これらのセルも同様に結合します。

164

② セルを分割する

🔍 重要用語

セルの分割

1つのセルを複数のセルに分けることを「セルの分割」といいます。項目に対して、行や列を増やしたい場合などに利用します。セルを分割する場合は、[セルの分割]ダイアログボックスで、いくつのセルに分割するかを、列数と行数で指定します。

1　分割したいセルをクリックして選択します。

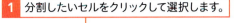

2　[テーブルレイアウト]タブをクリックして、

3　[セルの分割]をクリックします。

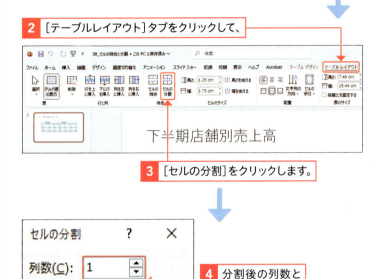

4　分割後の列数と行数を指定して、

5　[OK]をクリックすると、

6　セルが分割されます。

💡 ヒント

複数のセルをまとめて分割する

複数のセルを選択して右の手順で操作すると、各セルをそれぞれ分割することができます。[セルの分割]ダイアログボックスで、各セルをいくつのセルに分割するかを指定します。

Section 59 罫線の種類や色を変更しよう

ここで学ぶこと
- 罫線の種類
- 罫線の色
- 罫線の太さ

表の**罫線の種類や色、太さ**は変更することができます。[テーブルデザイン]タブの[罫線の作成]グループで罫線の種類や色を設定し、表の罫線上をクリックまたはドラッグすると変更されます。また、**セルの塗りつぶしの色**も変更できます。

練習▶59_罫線の種類と色

1 罫線の種類と色を変更する

解説

罫線を変更する

罫線を変更するには、表を選択して、[テーブルデザイン]タブの[ペンのスタイル](罫線の種類)、[ペンの太さ](罫線の太さ)、[ペンの色](罫線の色)から目的の罫線の種類や、色を選択して、罫線上をクリックまたはドラッグします。[ペンの太さ]のメニューは下図のとおりです。

補足

罫線を非表示にする

セルの区切りはそのままで、罫線を非表示にしたい場合は、手順3で[罫線なし]をクリックして、罫線の上をクリックまたはドラッグします。

1 表を選択して、[テーブルデザイン]タブをクリックし、

2 [ペンのスタイル]をクリックして、

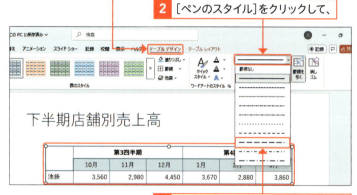

3 目的の罫線の種類をクリックします。

4 [ペンの色]の右側をクリックして、

5 目的の色(ここでは[オレンジ、アクセント2、黒+基本色50%])をクリックし、

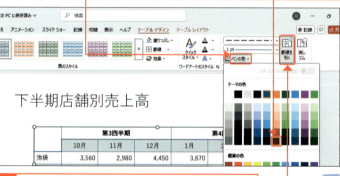

6 [罫線を引く]がオンになっていること確認します。

ヒント

罫線の変更を解除する

[テーブルデザイン]タブの[罫線を引く]をクリックしてオフにするか、[Esc]を押すと、マウスポインターの形がもとに戻り、罫線の変更が解除されます。

補足

罫線を削除する

[テーブルデザイン]タブの[消しゴム]をクリックしてオンにし、罫線の上をクリックまたはドラッグすると、罫線が削除されます。

7 変更したい罫線の上をクリックまたはドラッグすると、

8 罫線の種類と色が変更されます。

9 [Esc]を押して、マウスポインターの形をもとに戻します。

応用技 セルの塗りつぶしの色を変更する

セルの塗りつぶしの色を変更するには、目的のセルを選択し、[テーブルデザイン]タブの[塗りつぶし]をクリックして、目的の色をクリックします。

1 塗りつぶすセルを選択して、

2 [テーブルデザイン]タブの[塗りつぶし]の右側をクリックし、

3 目的の色（ここでは[濃い緑青、アクセント1、白+基本色60%]）をクリックすると、

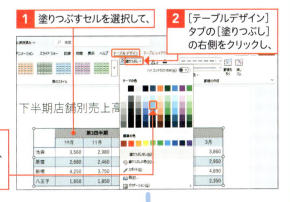

4 塗りつぶしの色が変更されます。

5 同様に塗りつぶしの色を変更します。

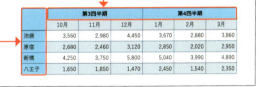

Section 60 Excelの表を挿入しよう

ここで学ぶこと
・Excelの表
・表の貼り付け
・リンク貼り付け

スライドには、**Excel**で作成した表をコピーして貼り付けることができます。貼り付ける際に、**貼り付けのオプション**を利用すると、**Excel**の書式を保持して貼り付けたり、**Excel**とリンクして貼り付けたりすることもできます。

📁 練習▶60_Excelの表の挿入、60_下半期店舗別売上実績表.xlsx

1 表をスライドのスタイルに合わせて貼り付ける

解説

ExcelのけるをPowerPointに貼り付ける

Excelで作成した表をPowerPointのスライドに貼り付けるには、右の手順で操作します。ここでは、Excelで作成した表を、PowerPointのスライドのスタイルに合わせて貼り付けます。

1 Excelを起動して、ファイルを開きます。

2 スライドに貼り付ける表をドラッグして選択し、

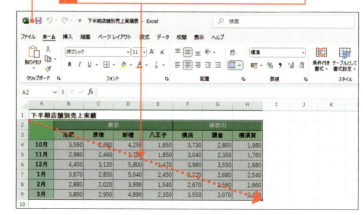

3 [ホーム]タブをクリックして、

4 [コピー]をクリックします。

解説

貼り付けた表を編集する

貼り付けた表は、PowerPointで作成した表と同様の方法で編集することができます。

---

5 PowerPointに切り替えて、貼り付けるスライドを表示します。

6 [ホーム]タブをクリックして、

7 [貼り付け]をクリックすると、

8 Excelの表がスライドのスタイルに合わせて貼り付けられます。

ショートカットキー

コピーと貼り付け

● コピー
Ctrl + C

● 貼り付け
Ctrl + V

---

② もとの書式を保持して貼り付ける

解説

貼り付けのオプションを選択する

手順 **3** では、Excelの表をもとの書式のまま貼り付けるために、[元の書式を保持]をクリックしています。
貼り付けのオプションは、ほかに、[貼り付け先のスタイルを使用]、[埋め込み]、[図]、[テキストのみ保持]から選択できます。

---

1 Excelの表をコピーして、PowerPointで貼り付けるスライドを表示します。

2 [ホーム]タブの[貼り付け]のここをクリックして、

3 [元の書式を保持]をクリックします。

[貼り付けのオプション]の利用

貼り付けのオプションは、表を貼り付けたあと、表の右下に表示される[貼り付けのオプション]から選択することもできます。

4 表がもとのExcelの書式のまま貼り付けられます。

3 Excelとリンクした表を貼り付ける

解説
リンク貼り付けを利用する

リンク貼り付けを利用するには、[形式を選択して貼り付け]ダイアログボックスで[リンク貼り付け]をクリックします。

1 Excelの表をコピーして、PowerPointで貼り付けるスライドを表示します。

2 [ホーム]タブの[貼り付け]のここをクリックして、

3 [形式を選択して貼り付け]をクリックします。

4 [リンク貼り付け]をクリックして、

5 [Microsoft Excelワークシートオブジェクト]をクリックし、

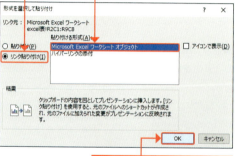

6 [OK]をクリックすると、

重要用語
リンク貼り付け

「リンク貼り付け」は、コピーした表を、もとの表の変更に合わせて自動で更新する機能です。Excelの表をリンク貼り付けすると、もとのExcelの表を変更した場合、PowerPointに貼り付けた表も更新されます。

7 Excelの表がリンク貼り付けされます。

④ リンク貼り付けした表を編集する

🗨 解説

リンクもとの表を編集する

リンク貼り付けした表は、PowerPointでは編集できません。表をダブルクリックして、Excel上で編集し、上書き保存すると、PowerPointに貼り付けた表が変更されます。

1 PowerPointでリンク貼り付けした表をダブルクリックすると、

2 Excelが起動し、リンクもとの表が表示されます。

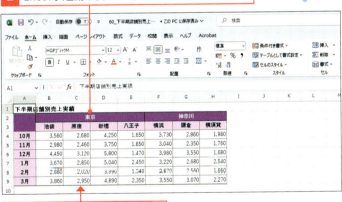

3 編集して、上書き保存すると、

4 PowerPointに貼り付けた表が変更されます。

✏ 補足

セキュリティに関する通知が表示される

リンク貼り付けをした表のスライドを保存すると、次回以降プレゼンテーションを開く際に、下図のメッセージが表示されます。［リンクを更新］をクリックすると、データが更新されます。

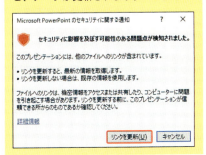

60 Excelの表を挿入しよう

6 表やグラフを挿入しよう

171

Section 61 グラフの基本を知ろう

ここで学ぶこと
- グラフ
- グラフの種類
- グラフ要素

PowerPointでは、**棒グラフ**、**折れ線グラフ**のような一般的なグラフをはじめ、多くの種類のグラフを作成することができます。ここでは、PowerPointで作成できる**グラフの種類**と、**グラフの構成要素**について解説します。

練習▶ファイルなし

1 作成できるグラフの種類

🗨 解説
PowerPointで作成できるグラフ

PowerPointで作成できるグラフの種類には、右図のようなものがあります。左側でグラフの種類をクリックすると、該当するグラフの一覧が右側に表示されます。目的のグラフをクリックすると、プレビューが表示され、プレビューにマウスポインターを合わせると、拡大表示されます。いちばん下の［組み合わせ］は、折れ線と棒、棒と面などの異なるグラフの種類を組み合わせることができます。

✏ 補足
3-Dグラフを利用する

グラフには、3-D縦棒グラフ、3-D折れ線グラフ、3-D円グラフなど「3-D」が付くものがあります。3-Dグラフは、奥行きのある立体的なグラフで、データを視覚的に表現でき、データ系列の比較がしやすいなどの特徴があります。

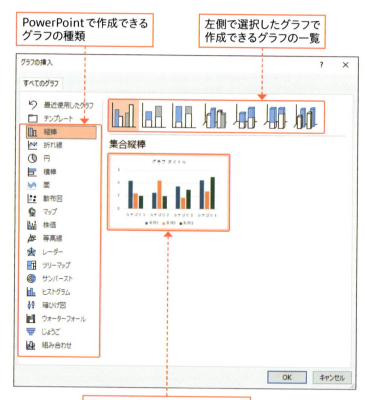

② グラフの構成要素

🔍 重要用語
グラフ要素

グラフを構成する軸、軸ラベル、グラフタイトル、目盛線などを「グラフ要素」といいます。必要に応じて、グラフ要素の表示／非表示や書式設定を変更すると、より見やすいグラフを作成することができます。

🔍 重要用語
データ要素

グラフ内の値を示す部分を「データ要素」といいます。「データマーカー」ということもあります。

🔍 重要用語
データ系列

同じ項目を表すデータ要素の集まりを「データ系列」といいます。

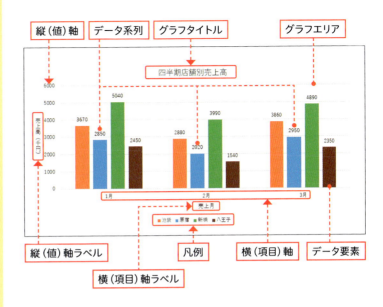

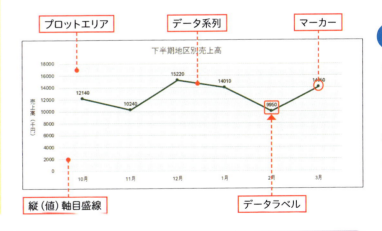

✏️ 補足　グラフと表の関係

グラフは、表の項目や値をもとにして作成されます。縦棒グラフの場合は、通常、年月などの時系列や項目名が「横(項目)軸」に、数値が「縦(値)軸」に表示されます。データ系列を構成する個々の値が「データ要素」、表の1行分または1列分のデータの集まりが「データ系列」になります。

	池袋	原宿	新橋	八王子
1月	3670	2850	5040	2450
2月	2880	2020	3990	1540
3月	3860	2950	4890	2350

Section 62 グラフを挿入しよう

ここで学ぶこと
・グラフの挿入
・グラフの種類
・データの入力

グラフを挿入するには、初めにグラフの種類を選択します。グラフとシートが表示されるので、シートにデータを入力すると、リアルタイムでグラフに反映されます。ここでは、集合縦棒グラフを例に、グラフの作成方法を解説します。

練習▶62_グラフの挿入

1 グラフを挿入する

解説

プレースホルダーから グラフを挿入する

プレースホルダーにある［グラフの挿入］をクリックして表示される［グラフの挿入］ダイアログボックスで、グラスを選択し、挿入します。

補足

［挿入］タブからグラフを挿入する

グラフは右の手順のほか、［挿入］タブの［グラフ］をクリックしても、挿入できます。この場合、プレースホルダーを選択した状態では、プレースホルダーがグラフに置き換わります。プレースホルダーを選択していない場合は、スライドの中央に配置されます。

1 プレースホルダーの［グラフの挿入］をクリックします。

2 グラフの種類をクリックして、

3 目的のグラフ（ここでは［集合縦棒］）をクリックし、

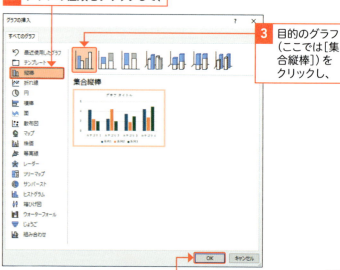

4 ［OK］をクリックすると、

ヒント

グラフの種類を変更する

グラフを挿入したあとでグラフの種類を変更したい場合は、グラフを選択して、[グラフのデザイン]タブの[グラフの種類の変更]をクリックします。[グラフの種類の変更]ダイアログボックスが表示されるので、グラフの種類を選択します。

5 スライドにサンプルのグラフが挿入され、

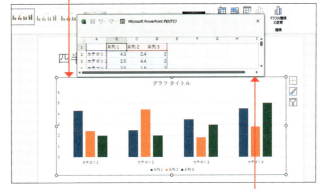

6 サンプルデータが入力されたシートが表示されます。

② データを入力する

解説

データ範囲が自動的に変更される

シートのサンプルデータ範囲に、実際のデータを入力すると、入力したデータがグラフに反映されます。サンプルデータ範囲の外側の隣接したセルにデータを入力すると、データ範囲が自動的に拡張されます。
なお、サンプルデータが実際に入力するデータの範囲より大きいあるいは小さい場合は、ワークシートの右下にあるハンドル■をドラッグして、範囲を調整します。

1 シートの各セルにデータを入力すると、

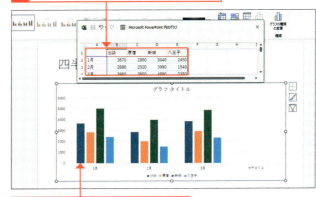

2 データがグラフに反映されます。

3 ハンドルをドラッグして、セル範囲を調整すると、

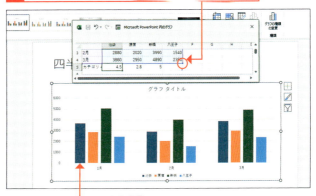

4 グラフに反映されます。

ヒント

シートを閉じる

シートを閉じるには、シート右上の[閉じる]×をクリックします。
再度シートを表示するには、グラフを選択し、[グラフのデザイン]タブの[データの編集]をクリックします。

Section 63 グラフ要素の表示項目を変更しよう

ここで学ぶこと
・グラフタイトル
・軸ラベル
・データラベル

グラフタイトルや軸ラベルなどの**グラフ要素**は、項目ごとに**表示／非表示を切り替え**たり、**表示する場所を設定**したりすることができます。グラフ要素は、グラフ右上の[グラフ要素]または[グラフのデザイン]タブから設定できます。

練習▶63_グラフの表示項目

1 グラフ要素の表示／非表示を切り替える

解説
グラフ要素の表示／非表示の切り替え

グラフ要素の表示／非表示を切り替えるには、グラフを選択すると右上に表示される[グラフ要素]をクリックして、オン／オフを切り替えます。
また、[グラフのデザイン]タブの[グラフ要素を追加]から設定することもできます。

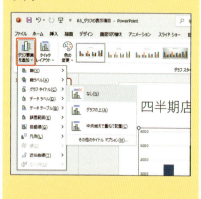

1 グラフをクリックして選択し、

2 [グラフ要素]をクリックします。

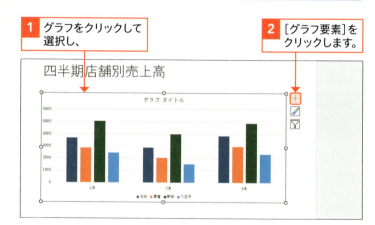

3 [グラフタイトル]をクリックしてオフにすると、

4 グラフタイトルが非表示になります。

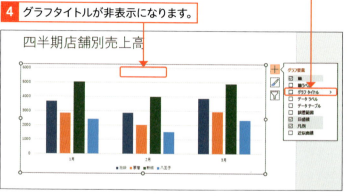

軸ラベルを縦書きにする

軸ラベルを縦書きにするには、軸ラベルを選択し、[ホーム]タブの[文字列の方向]をクリックして、[縦書き]または[縦書き(半角文字含む)]をクリックします。

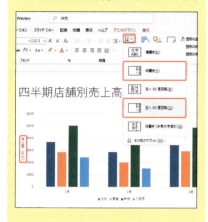

5 [軸ラベル]にマウスポインターを合わせて、

6 ここをクリックし、

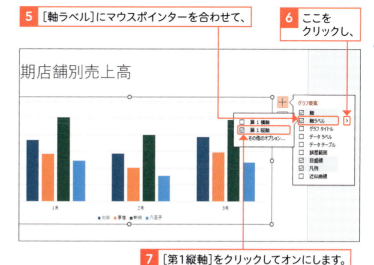

7 [第1縦軸]をクリックしてオンにします。

8 第1縦軸の軸ラベルが表示されるので、文字をドラッグして選択し、

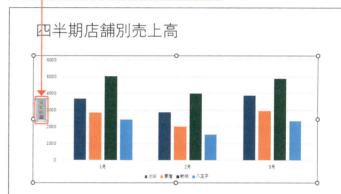

9 文字(ここでは「売上高(千円)」)と入力します。

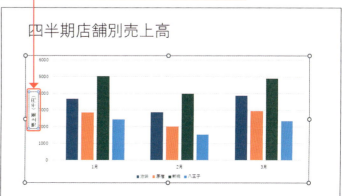

軸ラベルを移動する

軸ラベルの位置を変更するには、軸ラベルを選択し、枠線にマウスポインターを合わせて、目的の位置へドラッグします。

② グラフにデータラベルを表示する

🔍 重要用語

データラベル

「データラベル」とは、もとデータの値を数値で表示したものです。値だけでなく、系列名や割合などを表示することもできます。

💡 ヒント

パーセンテージを表示する

円グラフなどで、データラベルに値ではなくパーセンテージを表示したい場合は、右の最下段図の手順2で[その他のオプション]をクリックします。[データラベルの書式設定]作業ウィンドウが表示されるので、[ラベルの内容]の[パーセンテージ]をオンにします。
なお、グラフの種類によっては、パーセンテージの表示がないものもあります。

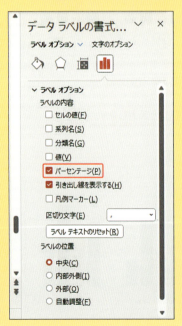

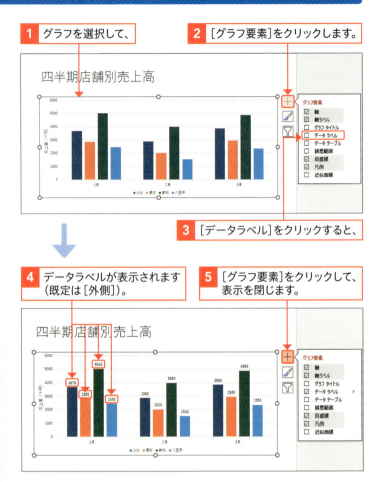

1 グラフを選択して、
2 [グラフ要素]をクリックします。
3 [データラベル]をクリックすると、
4 データラベルが表示されます（既定は[外側]）。
5 [グラフ要素]をクリックして、表示を閉じます。

▶ データラベルの表示や位置を変更する

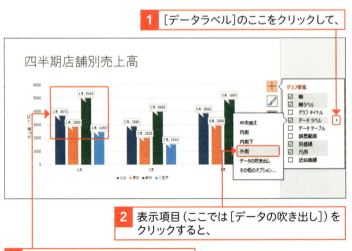

1 [データラベル]のここをクリックして、
2 表示項目（ここでは[データの吹き出し]）をクリックすると、
3 データラベルの表示が変わります。

応用技 PowerPointで作成した表からグラフを作成する

PowerPointで作成した表からグラフを作成するには、初めに表をコピーします。続いて別のスライドを表示して、[挿入]タブの[グラフ]をクリックし、グラフを挿入して（174ページ参照）、コピーしたデータをシートに貼り付けます。そのあと、グラフの位置やサイズ、書式などを設定します。

1 枠線をクリックして表を選択し、

2 Ctrlを押しながらCを押します。

3 別のスライドにグラフを挿入して、

4 シートの左上のセルをクリックして選択します。

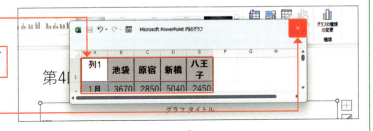

5 Ctrlを押しながらVを押すと、

6 データが貼り付けられるので、

7 必要に応じてセル範囲を調整します（175ページ参照）。

8 [閉じる]をクリックして、シートを閉じ、

9 グラフの書式やサイズなどを調整します。

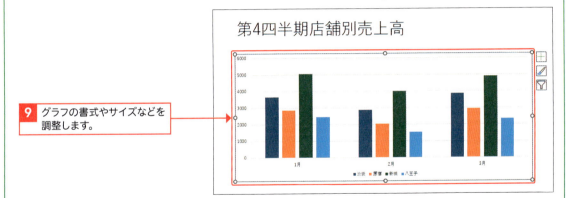

Section 64 グラフの縦軸の設定を変更しよう

ここで学ぶこと
- 縦軸の書式設定
- 目盛線の間隔
- 表示単位

グラフの**縦（値）軸**の**最小値**や**最大値**などは、［軸の書式設定］作業ウィンドウの［軸のオプション］で変更できます。また、目盛の間隔を変更したり、**表示形式を変更**して数値に桁区切りの「,（カンマ）」を表示したりすることもできます。

練習▶64_グラフの縦軸の設定

1 縦軸の最小値と目盛の間隔を変更する

解説

最小値を変更する

グラフの目盛線の最小値は自動的に「0」に設定されます。また、目盛の間隔は、もとデータの値に合わせて自動的に設定されます。各要素の違いがはっきりしないときは、最小値を変更するとわかりやすくなります。

1 縦（値）軸をダブルクリックすると、

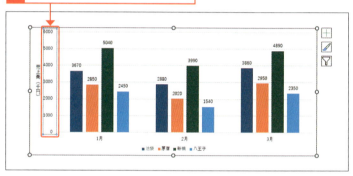

2 ［軸の書式設定］作業ウィンドウが表示されます。

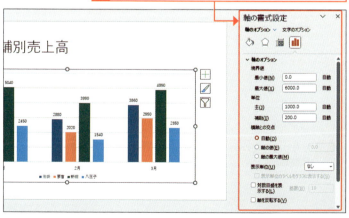

補足

グラフ要素の書式を設定する

グラフ要素の書式を設定する作業ウィンドウを表示するには、目的のグラフ要素をダブルクリックするか、目的のグラフ要素を選択して、［書式］タブの［選択対象の書式設定］をクリックします。
作業ウィンドウを閉じるには、作業ウィンドウ右上の［閉じる］×をクリックします。

補足

軸の数値を万単位や億単位で表示する

グラフのデータの数値が大きすぎて見づらい場合は、[軸の書式設定]作業ウィンドウで、縦(値)軸の数値を万単位や億単位で表示することができます。

ここで単位を選択します。

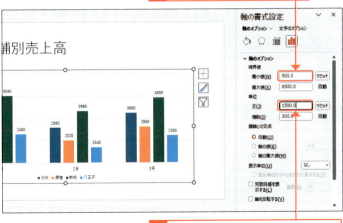

3 [最小値]の数値を指定して、

4 [単位]の[主]の数値を変更すると、

5 縦(値)軸の数値と目盛線の間隔が変更されます。

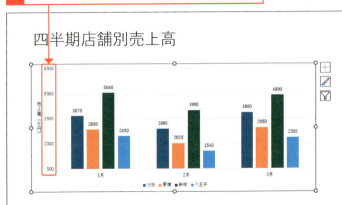

応用技　縦(値)軸の数値に「,」を表示する

縦(値)軸の数値に3桁区切りの「(,カンマ)」を表示するには、[軸の書式設定]作業ウィンドウの[表示形式]で設定します。

1 [表示形式]をクリックして、

2 [数値]を選択し、

3 [桁区切り(,)を使用する]をオンにします。

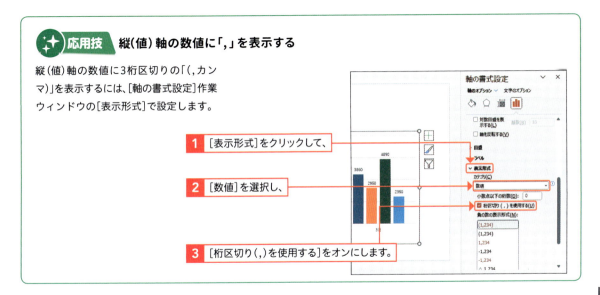

181

Section 65 グラフのデザインを変更しよう

ここで学ぶこと
- グラフスタイル
- 色の変更
- グラフのデザイン

[グラフのデザイン]タブには、グラフエリアやデータ系列などの**書式が組み合わされたグラフスタイル**が用意されており、グラフ全体のスタイルをかんたんに変更することができます。また、**グラフ全体の色を変更**することもできます。

📁 練習▶65_グラフのデザイン

1 グラフスタイルを変更する

💬 解説

グラフスタイルの変更

[グラフのデザイン]タブの[グラフスタイル]には、グラフエリアの色が異なるもの、データ系列がグラデーションのもの、枠線だけのものなど、さまざまな書式が組み合わされたスタイルが用意されています。
なお、データ系列の塗りつぶしの色を個別に設定したあとに、グラフスタイルを変更すると、スタイルが優先されて適用されます。

💡 ヒント

もとに戻す

変更したグラフスタイルをもとに戻すには、手順4で[スタイル1]をクリックします。

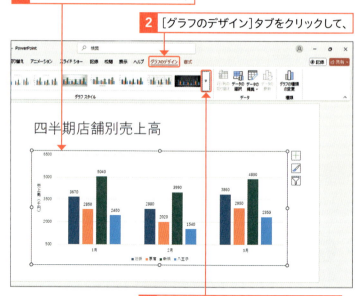

1 グラフをクリックして選択します。
2 [グラフのデザイン]タブをクリックして、
3 [グラフスタイル]のここをクリックし、
4 目的のスタイル(ここでは[スタイル9])をクリックすると、

5 グラフスタイルが変更されます。

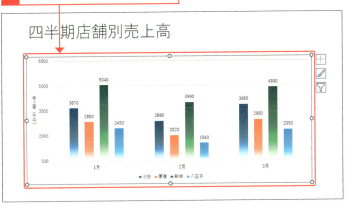

② グラフ全体の色を変更する

解説

グラフの色を変更する

グラフ全体の色は、[グラフのデザイン]タブの[色の変更]から設定します。なお、一覧に表示される色は、プレゼンテーションに設定されているテーマやバリエーションなどによって異なります。

1 グラフをクリックして選択し、[グラフのデザイン]タブをクリックします。

2 [色の変更]をクリックして、

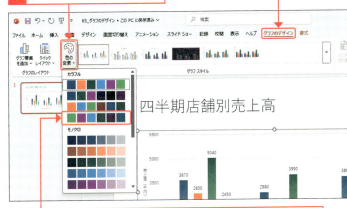

3 目的の色（ここでは[カラフルなパレット4]）をクリックすると、

4 グラフの色が変更されます。

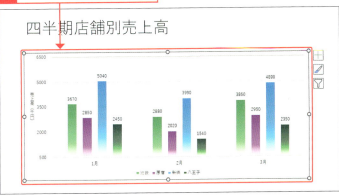

ヒント

データ系列の書式を個別に設定する

特定のデータ系列を目立たせたい場合などは、個別に書式を変更できます。目的のデータ系列を2回クリックして選択し、[書式]タブの[図形の塗りつぶし]、[図形の枠線]、[図形の効果]などで書式を変更します。

Section 66 Excelのグラフを挿入しよう

ここで学ぶこと
・グラフの貼り付け
・貼り付けのオプション
・リンク貼り付け

スライドには、**Excelで作成したグラフをコピーして貼り付ける**ことができます。グラフを貼り付ける際に、**貼り付けのオプション**でグラフの貼り付け方法を選択することもできます。Excelと**リンクして貼り付け**ることもできます。

📁 練習▶66_Excelグラフの挿入、66_下半期店舗別売上実績.xlsx

1 スライドの書式に合わせて貼り付ける

解説

ExcelのグラフをPowerPointに貼り付ける

Excelで作成したグラフをPowerPointのスライドに貼り付けるには、右の手順で操作します。ここでは、Excelで作成したグラフをPowerPointのスライドの書式（テーマ）に合わせて貼り付けます。

1 Excelを起動して、ファイルを開きます。

2 スライドに貼り付けるグラフをクリックして選択し、

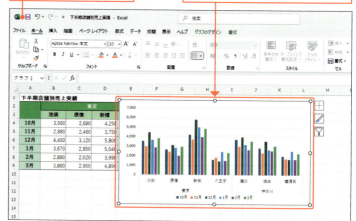

3 ［ホーム］タブをクリックして、

4 ［コピー］をクリックします。

ショートカットキー

コピーと貼り付け

●コピー
Ctrl + C

●貼り付け
Ctrl + V

解説

貼り付けの形式を選択する

手順 6 では、既定の形式（[貼り付け先のテーマを使用しデータをリンク]）で貼り付けていますが、[貼り付け]の下部分をクリックすると、貼り付ける形式を選択できます（下の「ヒント」参照）。

補足

貼り付けたグラフのデザイン

手順 7 で貼り付けたグラフは、PowerPointの書式（ここでは「バッチ」）に合わせて表示されます。このように、貼り付けたグラフのデザインは書式（テーマ）によって異なります。

補足

貼り付けたグラフを編集する

貼り付けたグラフは、PowerPointで作成したグラフと同様の方法で編集することができます。

---

5 PowerPointで貼り付けるスライドを表示して、

6 [ホーム]タブの[貼り付け]をクリックすると、

7 Excelのグラフがスライドの書式に合わせて貼り付けられます。

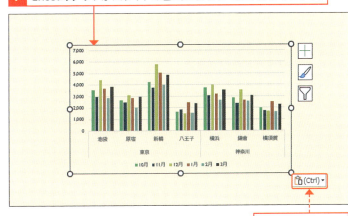

下の「ヒント」参照

ヒント　[貼り付けのオプション]の利用

グラフを貼り付けたあとから、貼り付けの形式を変更することもできます。グラフを貼り付けると右下に表示される[貼り付けのオプション]をクリックして、貼り付ける形式を選択します。なお、[貼り付け先のテーマを使用しブックを埋め込む]は、PowerPointで数値の修正や変更が可能ですが、もとのExcelデータとは異なってしまいます。
[貼り付け先のテーマを使用しデータをリンク]は、PowerPointでは数値の修正や変更はできませんが、Excelでデータを修正すると、変更が反映されます。

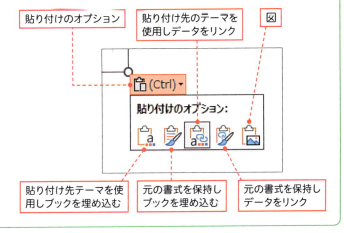

② Excelとリンクしたグラフを貼り付ける

**Excelグラフを
リンク貼り付けする**

Excelのグラフをリンク貼り付けすると、もとのExcelのグラフを変更した場合、PowerPointに貼り付けたグラフも更新されます。185ページの「データをリンク」して貼り付ける操作は、貼り付けもとのExcelデータが変更されると、貼り付け先のデータにも反映されます。一方、ここでの「リンク貼り付け」はPowerPoint上でExcelを起動して直接修正ができます。

**リンク貼り付けしたグラフを
編集する**

リンク貼り付けしたグラフをダブルクリックすると、Excelが起動して、リンクもとのファイルが表示されます。Excelでグラフを編集したあと、PowerPointに貼り付けたグラフを右クリックして、[リンクの更新]をクリックすると、更新が反映されます。

**セキュリティに関する通知が
表示される**

リンク貼り付けしたグラフのスライドを保存すると、次回以降プレゼンテーションを開く際に、下図のメッセージが表示されます。[リンクを更新]をクリックすると、データが更新されます。

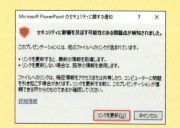

---

1 Excelのグラフをコピーして、PowerPointで貼り付けるスライドを表示します。

2 [ホーム]タブの[貼り付け]のここをクリックして、

3 [形式を選択して貼り付け]をクリックします。

4 [リンク貼り付け]をクリックして、

5 [Microsoft Excelグラフオブジェクト]をクリックし、

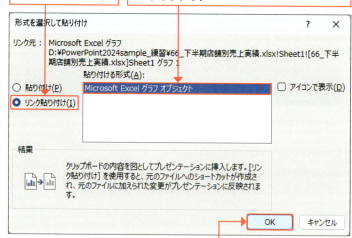

6 [OK]をクリックすると、

7 Excelのグラフがリンク貼り付けされます。

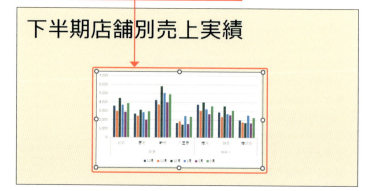

第 **7** 章

画像や動画を挿入しよう

Section 67　画像を挿入しよう

Section 68　スクリーンショットを挿入しよう

Section 69　画像の不要な部分をトリミングしよう

Section 70　画像を調整して見やすくしよう

Section 71　画像の不要な背景を削除しよう

Section 72　スタイルで画像の雰囲気を変えよう

Section 73　動画を挿入しよう

Section 74　動画の不要な部分をトリミングしよう

Section 75　動画を調整して見やすくしよう

Section 76　動画の音量を調整しよう

Section 77　動画に表紙を付けよう

Section 78　パソコンの画面操作を録画してスライドに挿入しよう

Section 79　オーディオを挿入しよう

Section 80　Webページのリンクを挿入しよう

Section 81　Word文書やPDF文書を挿入しよう

Section 82　［動作設定ボタン］を挿入しよう

この章で学ぶこと

画像や動画の活用方法を知ろう

▶ 画像を挿入／編集する

●さまざまな画像を挿入する

スライドには、パソコンに保存されている画像をはじめ、インターネット上の「オンライン画像」、Officeに用意されている素材集の「ストック画像」、パソコン画面の「スクリーンショット」などを挿入することができます。

パソコン内に保存されている画像をはじめ、ストック画像やオンライン画像などを挿入できます。

●画像を編集する

PowerPointにはかんたんな画像編集機能が搭載されています。画像の一部を切り抜いたり、明るさやコントラスト、シャープネスを調整したり、アート効果やスタイルを設定したりすることができます。

明るさやコントラスト、シャープネスなどを調整できます。

アート効果やスタイルを設定できます。

▶ 動画を挿入／編集する

●さまざまな動画を挿入する

スライドには、パソコンに保存されている動画をはじめ、インターネット上の「オンラインビデオ」、Officeに用意されている素材集の「ストックビデオ」、PowerPointで録画した動画などを挿入することができます。

●動画を編集する

PowerPointにはかんたんな動画編集機能が搭載されています。表示画面の一部を切り抜いたり、動画の前後の不要な部分をトリミング（再生しないように）したり、明るさやコントラスを調整したりすることができます。動画に表紙画像を設定することもできます。

動画の表示画面の一部を切り抜くことができます。

動画の前後の不要な部分をトリミングすることができます。

▶ Webページへのリンクや[動作設定ボタン]を挿入する

文字や図形などにリンクを設定して、クリックしたときにWebページやほかのファイルを表示させることができます。また、[動作設定ボタン]を挿入して、クリックしたときにほかのスライドへ移動させることができます。

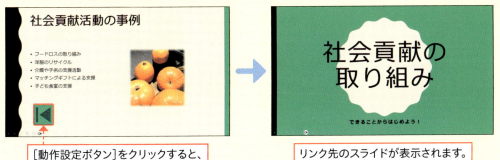

[動作設定ボタン]をクリックすると、　　　リンク先のスライドが表示されます。

Section 67 画像を挿入しよう

ここで学ぶこと
- 画像の挿入
- ストック画像
- オンライン画像

スライドには、デジタルカメラで撮影した画像や、グラフィックソフトで作成した画像など、さまざまな**画像を挿入**することができます。また、**ストック画像**や**オンライン画像**などを挿入することもできます。

📁 練習▶67_画像の挿入、67_photo.jpg

1 パソコンに保存してある画像を挿入する

解説
画像を挿入する

スライドには、パソコン内に保存した画像を挿入できます。プレースホルダーの[図]をクリックするか、[挿入]タブの[画像]をクリックして、[このデバイス]をクリックし、画像を選択します。
この場合、プレースホルダーがあるスライドはプレースホルダーのサイズに合わせて画像が配置されます。プレースホルダーがない場合はスライド全体に合わせて大きさが調整されます。

1 画像を挿入するスライドを表示して、

2 プレースホルダーの[図]をクリックします。

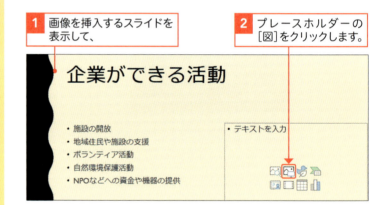

3 画像の保存場所を指定して、

4 目的の画像ファイルをクリックし、

5 [挿入]をクリックすると、

補足 画像の位置やサイズを変更する

挿入された画像は、図形と同様の操作で移動したり、サイズを変更したりすることができます（114、116ページ参照）。

6 画像が挿入されます。

ヒント　オンライン画像を利用する

［挿入］タブの［画像］をクリックして、［オンライン画像］をクリックします。［オンライン画像］画面が表示されるので、カテゴリから絞り込むか、キーワードを入力し、［Creative Commonsのみ］をオンにして検索します。Creative Commonsは、著作者が指定する条件を満たせば自由に使用できるという表示です。インターネット上の画像を使用する場合は、著作権や表記などの条件を確認するようにしましょう。

1 キーワードを入力して、

2 ［Creative Commonsのみ］をオンにして検索します。

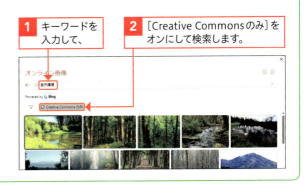

ヒント　ストック画像を利用する

「ストック画像」は、Officeに用意されている無料の画像やアイコン、イラストなどの素材集です。ストック画像を挿入するには、プレースホルダーの［ストック画像］をクリックするか、［挿入］タブの［画像］をクリックして、［ストック画像］をクリックします。［ストック画像］画面が表示されるので、［画像］をクリックして、カテゴリから絞り込むか、キーワードを入力して検索し、挿入します。

1 プレースホルダーの［ストック画像］をクリックすると、

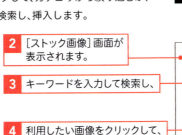

2 ［ストック画像］画面が表示されます。

3 キーワードを入力して検索し、

4 利用したい画像をクリックして、

5 ［挿入］をクリックすると、画像が挿入されます。

Section 68 スクリーンショットを挿入しよう

ここで学ぶこと
・スクリーンショット
・ウィンドウ
・画面の領域

スライドにパソコン画面の**スクリーンショット**を挿入することができます。ExcelやWordで作成した資料や、Webページの資料などを画面に表示して、**ウィンドウ全体**、あるいは**一部の領域**を指定して挿入することができます。

練習▶68_スクリーンショットの挿入、68_ごみのリサイクル率.xlsx

1 スクリーンショットを挿入する

解説
スクリーンショットを挿入する

スクリーンショットを挿入するには、[挿入]タブの[スクリーンショット]を利用します。ここでは、Excelで作成した資料をスクリーンショットとしてスライドに挿入します。

1 スクリーンショットに使用するウィンドウを表示します。

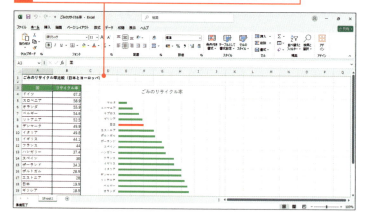

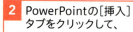
2 PowerPointの[挿入]タブをクリックして、

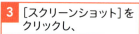
3 [スクリーンショット]をクリックし、

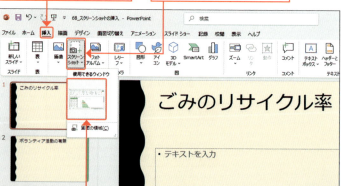

解説
ウィンドウは表示しておく

スライドにパソコン画面のスクリーンショットを挿入するときは、あらかじめスクリーンショットに使用するウィンドウを表示しておきます。最小化されているウィンドウは対象になりません。

4 目的のウィンドウをクリックすると、

重要用語

スクリーンショット

「スクリーンショット」とは、アプリのウィンドウやWebページなど、パソコンの画面に表示されている内容を画像として保存する機能のことです。

5 スクリーンショットが挿入されます。

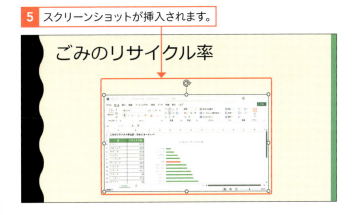

2 指定した領域のスクリーンショットを挿入する

解説

領域を指定してスクリーンショットを挿入する

画面の領域を指定してスクリーンショットを挿入する場合は、目的のウィンドウを表示しておきます。手順4の[画面の領域]をクリックすると、直前に表示していたウィンドウが自動的に表示されます。ここでは、Webブラウザーの一部の領域をスクリーンショットとして挿入します。

1 スクリーンショットに使用するウィンドウを表示します。

2 [挿入]タブをクリックして、

3 [スクリーンショット]をクリックし、

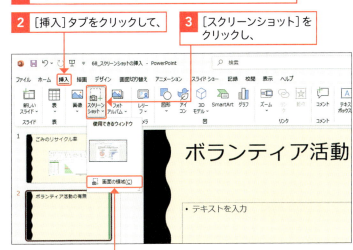

4 [画面の領域]をクリックします。

5 挿入する範囲を囲むようにドラッグすると、スクリーンショットが挿入されます。

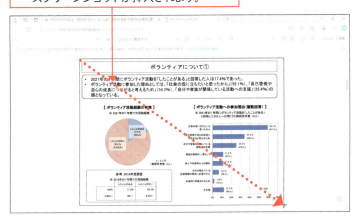

Section 69 画像の不要な部分をトリミングしよう

ここで学ぶこと
・トリミング
・図形に合わせてトリミング
・縦横比

トリミングとは、画像の特定の範囲を切り取ることです。画像に不要な部分がある場合に、トリミングして必要な部分だけを表示することができます。また、図形に合わせてトリミングを利用すると、画像を任意の形に切り抜くこともできます。

練習▶69_トリミング

1 トリミングする

解説

縦横比を指定してトリミングする

トリミングする際に、単にドラッグすると縦横比が崩れてしまうことがあります。縦横比を指定したい場合は、下図の手順でトリミングします。

1 [図の形式]タブの[トリミング]のここをクリックして、

2 [縦横比]にマウスポインターを合わせ、

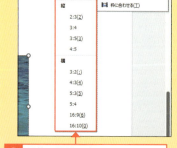

3 目的の縦横比をクリックします。

1 画像をクリックして選択します。

2 [図の形式]タブをクリックして、

3 [トリミング]をクリックすると、

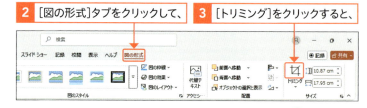

4 画像の周囲に黒いハンドルが表示されます。

5 ハンドルをドラッグすると、

> 💬 **解説**
>
> **トリミングを確定する**
>
> トリミングを確定するには、画像以外の部分をクリックするか、Esc を押します。また、[図の形式] タブの [トリミング] をクリックしても確定されます。
> なお、トリミングされた部分は、スライド上で非表示になるだけで、もとの画像ファイルには影響はありません。

6 不要な部分が非表示になります。

7 画像以外の部分をクリックすると、

8 画像がトリミングされます。

② 形状を決めてトリミングする

> 💡 **ヒント**
>
> **トリミングを調整する**
>
> 図形に合わせてトリミングしたあと、図形の大きさやトリミングの位置を調整したい場合は、[図の形式] タブの [トリミング] をクリックします。黒いハンドルをドラッグすると図形の大きさが変わり、画像をドラッグすると表示される範囲が変わります。

黒いハンドルをドラッグすると、図形の大きさが変わります。

画像をドラッグすると、範囲が変わります。

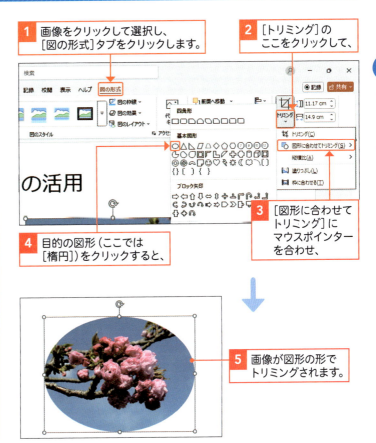

1 画像をクリックして選択し、[図の形式] タブをクリックします。

2 [トリミング] のここをクリックして、

3 [図形に合わせてトリミング] にマウスポインターを合わせ、

4 目的の図形（ここでは [楕円]）をクリックすると、

5 画像が図形の形でトリミングされます。

Section 70 画像を調整して見やすくしよう

ここで学ぶこと
- 明るさ
- コントラスト
- シャープネス

PowerPointにはかんたんな画像編集機能が用意されています。**明るさやコントラスト**を調整したり、**ソフトネス**や**シャープネス**を調整したりして、修整することができます。**アート効果**を設定することもできます。

📁 練習▶70_画像の調整

① 明るさやコントラストを調整する

💬 解説
明るさやコントラストを調整する

画像の明るさとコントラスト（明暗の差）は、［図の形式］タブの［修整］の［明るさ／コントラスト］で調整できます。手順 4 では、明るさとコントラストを20%刻みにした組み合わせが用意されています。また、［図の書式設定］作業ウィンドウを利用すると、数値を細かく設定することができます（199ページ参照）。

1 画像をクリックして選択します。

2 ［図の形式］タブをクリックして、

3 ［修整］をクリックし、

4 目的の明るさとコントラストの組み合わせ（ここでは［明るさ：＋20％ コントラスト：＋20％］）をクリックすると、

ヒント
明るさとコントラストを もとに戻す

明るさとコントラストをもとに戻すには、196ページの手順4で［明るさ：0%（標準）コントラスト：0%（標準）］をクリックします。

5 画像の明るさとコントラストが調整されます。

② シャープネスを調整する

解説
シャープネスを調整する

被写体の輪郭をはっきりさせたい場合は、シャープネスを調整します。手順4では25%または50%で調整できますが、［図の書式設定］作業ウィンドウを利用すると、数値を細かく設定することができます（199ページ参照）。

1 画像をクリックして選択します。

解説
ソフトネスを調整する

被写体の輪郭をぼかしたい場合は、ソフトネスを調整します。ソフトネスを調整するには、手順4で［ソフトネス：25%］または［ソフトネス：50%］をクリックします。また、［図の書式設定］作業ウィンドウを利用すると、数値を細かく設定することができます（199ページ参照）。

2 ［図の形式］タブをクリックして、

3 ［修整］をクリックし、

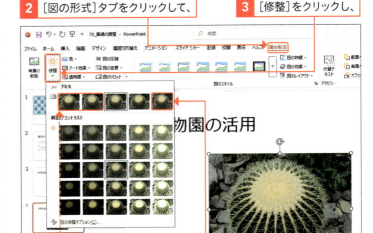

ここでソフトネスを調整できます。

4 目的のシャープネス（ここでは［シャープネス：50%］）をクリックすると、

197

ヒント

**シャープネス／ソフトネスを
もとに戻す**

シャープネスまたはソフトネスをもとに戻すには、197ページの手順 4 で［シャープネス：0%］をクリックします。

5 画像にシャープネスが調整されます。

③ アート効果を設定する

重要用語

アート効果

「アート効果」とは、マーカーや線画、水彩、パステルなど、画像にスケッチや絵画のような効果を与える機能のことです。

1 画像をクリックして選択します。

2 ［図の形式］タブをクリックして、　3 ［アート効果］をクリックし、

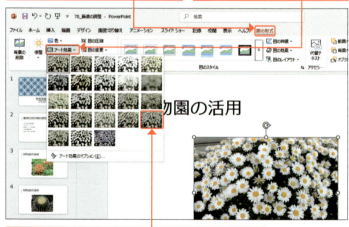

4 目的のアート効果（ここでは［ラップフィルム］）をクリックすると、

アート効果をもとに戻す

アート効果をもとに戻すには、198ページの手順4の一覧で左上の[なし]をクリックします。

5 画像にアート効果が設定されます。

解説　明るさ／コントラスト、ソフトネス／シャープネスの微調整

明るさやコントラストなどを微調整するには、[図の形式]タブの[修整]をクリックして、[図の修整オプション]をクリックします。[図の書式設定]作業ウィンドウが表示されるので、[明るさ]と[コントラスト]に数値を入力して微調整します。
また、ソフトネスやシャープネスも微調整することができます。

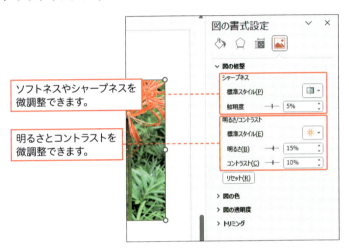

ソフトネスやシャープネスを微調整できます。

明るさとコントラストを微調整できます。

解説　アート効果の詳細設定

アート効果を詳細に設定するには、[図の形式]タブの[アート効果]をクリックして、[アート効果のオプション]をクリックします。[図の書式設定]作業ウィンドウが表示されるので、透明度や滑らかさなどを設定します。
なお、設定できる項目は、選択したアート効果の種類によって異なります。

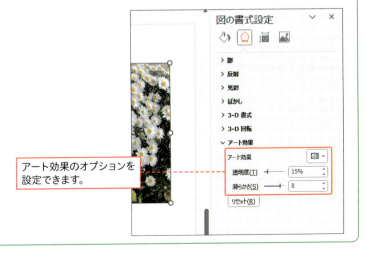

アート効果のオプションを設定できます。

Section 71 画像の不要な背景を削除しよう

ここで学ぶこと
・背景の削除
・削除する領域
・保持する領域

PowerPointには、**画像の背景を自動的に認識して削除**する機能が用意されています。画像の不要な部分を削除して被写体だけを目立たせたいときなどは、画像の背景を削除するとよいでしょう。

練習▶71_背景の削除

1 画像の背景を削除する

解説

背景を削除する

［図の形式］タブの［背景の削除］をクリックすると、画像を判別して、自動的に削除部分が選択されます。背景を削除する場合は、背景がシンプルなもの、被写体と背景の色が似ていない画像を選ぶと、きれいに削除できます。

1 画像をクリックして選択します。

2 ［図の形式］タブをクリックして、

3 ［背景の削除］をクリックすると、

補足

削除される部分は紫色になる

削除される部分は、紫色で表示されます。右図の場合は、背景の一部が残っているため、削除する範囲を調整する必要があります。

4 背景部分が紫色で塗りつぶされます。

削除する領域としてマーク

背景部分が残っている場合は、[背景の削除]タブの[削除する領域としてマーク]をクリックし、削除したい部分をクリックまたはドラッグして削除範囲を広げます。

保持する領域としてマーク

必要な部分まで削除する範囲として選択されてしまった場合は、[背景の削除]タブの[保持する領域としてマーク]をクリックし、画像の残したい部分をクリックあるいはドラッグします。

背景の削除を取り消す

背景の削除を取り消す場合は、[背景の削除]をクリックして、[すべての変更を破棄]をクリックします。

5 [背景の削除]タブの[削除する領域としてマーク]をクリックして、

6 削除したい部分をドラッグすると、

7 ドラッグした部分が、削除される範囲に追加されます。

8 [変更を保持]をクリックすると、

9 背景が削除されます。

Section 72 スタイルで画像の雰囲気を変えよう

ここで学ぶこと
- スタイル
- 図の効果
- 図の枠線

スタイルとは、枠線や影、ぼかし、3-D回転などを組み合わせた書式のことです。画像にスタイルを適用すると、かんたんに修飾することができます。また、**図の効果**で影やぼかし、面取りなどを個別に設定することもできます。

練習▶72_スタイルの設定

1 スタイルを設定する

解説 画像にスタイルを設定する

[図の形式]タブの[図のスタイル]には、枠やぼかしなどさまざまなスタイルが用意されており、画像の効果をかんたんに設定することができます。

ヒント 画像に設定した書式をもとに戻す

画像に設定した明るさやコントラストの調整、スタイルなどをもとに戻すには、[図の形式]タブの[図のリセット]の をクリックし、[図のリセット]をクリックします。また、[図とサイズのリセット]をクリックすると、画像の書式とサイズ変更、トリミングがもとに戻ります。

1 画像をクリックして選択します。

2 [図の形式]タブをクリックして、

3 [図のスタイル]のここをクリックし、

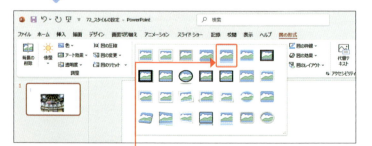

4 目的のスタイル（ここでは[角丸四角形、反射付き]）をクリックすると、

解説

画像に枠線を設定する

画像に枠線を付けるには、［図の形式］タブの［図の枠線］をクリックし、枠線の色を指定します。枠線の太さや種類も変更することができます。

5 画像にスタイルが設定されます。

② 効果を設定する

解説

図の効果を設定する

［図の形式］タブの［図の効果］からは、影、反射、光彩、ぼかし、面取り、3-D回転の6種類の効果を個別に設定することができます。

ヒント

画像を差し替える

スライドに挿入した画像をほかの画像に差し替えるには、画像をクリックして選択し、［図の形式］タブの［図の変更］をクリックし、画像の挿入もとをクリックします。この方法で差し替えると、画像の位置やサイズ、スタイルはそのままで差し替えられるので、再度編集する手間が省けます。

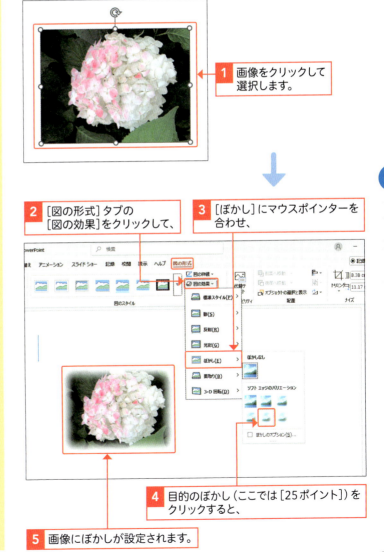

1 画像をクリックして選択します。

2 ［図の形式］タブの［図の効果］をクリックして、

3 ［ぼかし］にマウスポインターを合わせ、

4 目的のぼかし（ここでは［25ポイント］）をクリックすると、

5 画像にぼかしが設定されます。

Section 73 動画を挿入しよう

ここで学ぶこと
・ビデオの挿入
・オンラインビデオ
・ストックビデオ

スライドには、スマートフォンやデジタルビデオカメラで**撮影した動画**や、**PowerPointで作成した動画**などを挿入することができます。また、オンラインビデオやストックビデオを挿入することもできます。

練習▶73_動画の挿入、73_aqua01.MOV

1 パソコンに保存してある動画を挿入する

解説

動画を挿入する

スライドには、パソコン内に保存した動画を挿入できます。プレースホルダーの[ビデオの挿入]をクリックするか、[挿入]タブの[ビデオ]をクリックして、[このデバイス]をクリックし、動画を選択します。
この場合、プレースホルダーがあるスライドはプレースホルダーのサイズに合わせて動画が配置されます。プレースホルダーがない場合はスライド全体に合わせて大きさが調整されます。

解説

挿入できる動画ファイル

スライドに挿入できる主な動画のファイル形式は、以下のとおりです。

・Windows Media file (.asf)
・Window video file (.avi)
・MP4 Video (.mp4、.m4v、.mov)
・Movie file (.mpg、.mpeg)
・Windows Media Video file (.wmv)

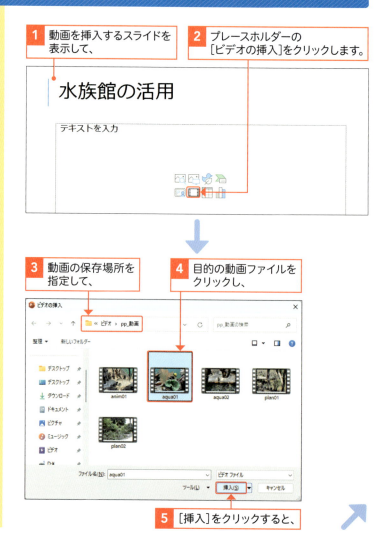

1 動画を挿入するスライドを表示して、
2 プレースホルダーの[ビデオの挿入]をクリックします。
3 動画の保存場所を指定して、
4 目的の動画ファイルをクリックし、
5 [挿入]をクリックすると、

ヒント　オンラインビデオの利用

[挿入]タブの[ビデオ]をクリックして、[オンラインビデオ]をクリックすると、インターネット上の動画を、アドレスを入力して挿入することができます。

6 動画が挿入されます。

ヒント　ストックビデオの利用

「ストックビデオ」は、Office に用意されている無料の動画の素材集です。ストックビデオを挿入するには、[挿入]タブの[ビデオ]をクリックして、[ストックビデオ]をクリックします。[ストック画像]画面が表示されるので、[ビデオ]をクリックして、カテゴリから絞り込むか、キーワードを入力して検索し、挿入します。

1 キーワードを入力して動画を検索し、

2 目的の動画をクリックして、

3 [挿入]をクリックします。

ヒント　動画を自動で再生させるには

初期設定では、スライドショーの実行時にスライドをクリックするか、動画の画面下に表示される ▶ をクリックすると、動画が再生されます。スライドが切り替わったときに自動的に動画が再生されるようにするには、動画をクリックして選択し、[再生]タブの[開始]で[自動]をクリックします。

1 [再生]タブの[開始]をクリックして、

2 [自動]をクリックします。

Section 74 動画の不要な部分をトリミングしよう

ここで学ぶこと
・トリミング
・動画の削除
・開始位置と終了位置

動画の表示画面の不要な部分を削除したい場合は、**表示画面の一部**を**トリミング**することができます。また、**ビデオのトリミング**を利用すると、再生開始位置と終了位置を指定して**動画の前後の不要な箇所を削除**することができます。

練習▶74_動画のトリミング

1 表示画面をトリミングする

解説
動画の表示画面のトリミング

表示画面の特定の範囲を切り取ることを「トリミング」といいます。トリミングされた部分は、スライド上で非表示になるだけで、もとの動画ファイルには影響はありません。

1 動画をクリックして選択し、
2 [ビデオ形式]タブをクリックして、
3 [トリミング]をクリックすると、
4 動画の周囲にハンドルが表示されます。

5 ハンドルにマウスポインターを合わせて、

ヒント
動画を削除する

挿入した動画を削除するには、スライド上の動画をクリックして選択し、を押します。

トリミングをもとに戻す

トリミングをもとに戻すには、動画をクリックして選択し、[ビデオの形式] タブの [トリミング] をクリックします。もとの表示画面の周囲に丸いハンドルが、トリミング位置に黒いハンドルが表示されるので、黒いハンドルをもとの領域までドラッグします。

6 不要な部分をドラッグします。

7 ほかのハンドルもドラッグして、

8 動画以外の部分をクリックすると、

9 動画の表示画面がトリミングされます。

動画のサイズ変更と移動

スライドに挿入した動画は、図形と同様の方法でサイズや位置を変更することができます（114、116ページ参照）。

② 動画の前後が再生されないようにする

解説

ビデオをトリミングする

動画の前や後ろ部分が不要な場合は、[ビデオのトリミング]を利用して、再生されないようにすることができます。

1 動画をクリックして選択します。

2 [再生]タブをクリックして、

3 [ビデオのトリミング]をクリックすると、

4 [ビデオのトリミング]ダイアログボックスが表示されます。

左の「補足」参照

補足

再生してトリミング位置を確認する

209ページの操作では、トリミングの開始位置や終了位置を時間指定で設定します。その前に一度再生して時間を確認しておくとよいでしょう。[再生]▶をクリックして再生し、[一時停止]▮▮で停止します。また、[前のフレーム]◀、[次のフレーム]▶をクリックすると、フレーム単位(4秒)で時刻を確認できます。

解説

開始位置と終了位置を指定する

［ビデオのトリミング］ダイアログボックスでは、トリミング後の動画の再生開始位置と終了位置をドラッグで指定します。プレビューの下に表示される緑色のスライダーをドラッグすると開始位置を、赤色のスライダーをドラッグすると終了位置を指定することができます。

5 緑色のスライダーをドラッグして開始位置を指定し、

6 赤色のスライダーをドラッグして終了位置を指定します。

7 ［OK］をクリックすると、

8 動画がトリミングされます。

ヒント

時間で指定する

開始位置と終了位置は、時間の数値で指定することができます。
手順 5 や 6 で［開始時間］／［開始時間］のおおよその位置を指定し、時間ボックスに数値を入力するか、をクリックしてコンマ単位の時間を指定します。

Section 75 動画を調整して見やすくしよう

ここで学ぶこと
- 明るさ
- コントラスト
- ビデオスタイル

スライドに挿入した動画は、**明るさやコントラストを調整**することができます。また、枠線や影、ぼかしなどの書式を組み合わせた**ビデオスタイル**が用意されているので、動画をかんたんに装飾することができます。

練習▶75_動画の調整

1 明るさやコントラストを調整する

解説
明るさやコントラストを微調整する

[明るさ/コントラスト]では、明るさとコントラスト（明暗の差）を20％刻みにした組み合わせが用意されています。詳細な設定をしたい場合は、手順4で[ビデオの修整オプション]をクリックして表示される[ビデオの設定]作業ウィンドウで、明るさとコントラストを微調整できます。

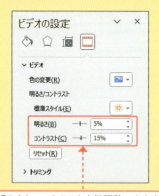

明るさとコントラストを微調整できます。

1 動画をクリックして選択します。

2 [ビデオ形式]タブをクリックして、

3 [修整]をクリックし、

4 明るさとコントラストの組み合わせ（ここでは[明るさ：0％（標準）コントラスト：＋20％]）をクリックすると、

5 動画の明るさとコントラストが調整されます。

② スタイルを設定する

💬 解説
動画にスタイルを設定する

[ビデオ形式]タブの[ビデオスタイル]には、枠やぼかしなどさまざまなスタイルが用意されており、ビデオの効果をかんたんに設定することができます。

💬 解説
動画に枠線を設定する

動画の枠線の色や種類、太さは、[ビデオ形式]タブの[ビデオの枠線]から設定できます。ただし、スタイルによっては設定できない場合もあります。

💬 解説
動画に効果を設定する

動画には、個別に効果を設定できます。影、反射、光彩、ぼかし、面取り、3-D回転の6種類の効果があり、[ビデオ形式]タブの[ビデオの効果]から設定します。

1 動画をクリックして選択します。

2 [ビデオ形式]タブをクリックして、

3 [ビデオスタイル]グループのここをクリックし、

4 目的のスタイル（ここでは[四角形、右下方向の影付き]）をクリックすると、

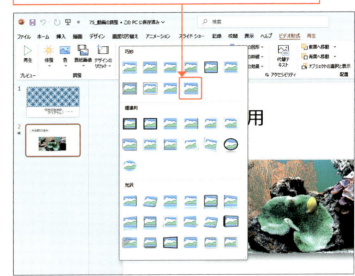

5 動画にスタイルが設定されます。

動画を調整して見やすくしよう

7 画像や動画を挿入しよう

211

Section 76 動画の音量を調整しよう

ここで学ぶこと
・音量
・ミュート
・ビデオのオプション

スライドに挿入した動画は、スライドショーで再生する前にあらかじめ**音量を調整**しておきましょう。また、音量を消して映像だけを流すには、**音量をミュート**にします。音量はスライドショーの実行中に調整することもできます。

練習▶76_動画の音量

① 音量を調整する

解説　音量を調整する

音量には「大」「中」「小」のレベルがあります。なお、音量の調整は、右の手順のほかに、下図のようにスライダーで調整することもできます。

1 ここにマウスポインターを合わせて、
2 スライダーを上下にドラッグし、音量を調整します。

1 動画をクリックして選択します。

2 [再生]タブをクリックして、

3 [音量]をクリックし、
4 目的の音量をクリックします。

② 音量を消して映像だけを流す

解説
音量を消す

スライドショーの実行中に発表者の説明や会場からの質問などがある場合は、その間、動画の音量を消すか、または下げて、声が聞こえるようにしましょう。

ヒント
スライドショー実行中に音量を調整する

スライドショーの実行中に動画の音量を調整するには、動画の🔊にマウスポインターを合わせてスライダーをドラッグします。🔊をクリックするとミュート（消音）になります。

1 ここにマウスポインターを合わせて、

2 スライダーを上下にドラッグします。

---

1 動画をクリックして選択します。

2 [再生]タブをクリックして、

3 [音量]をクリックし、

4 [ミュート]をクリックします。

解説　動画の再生オプションを設定する

動画を全画面で表示したり、繰り返し再生したりするには、[再生]タブの[ビデオのオプション]で設定します。

スライドショー実行中に動画を全画面で再生するには[全画面再生]を、動画を繰り返し再生するには[停止するまで繰り返す]をオンにします。また、[再生が終了したら巻き戻す]をオンにすると、再生終了後に動画が巻き戻されます。

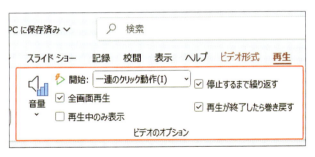

Section 77 動画に表紙を付けよう

ここで学ぶこと
・表紙画像
・ストック画像
・表紙画像の削除

スライドに挿入した動画には、映像の最初が表示されていますが、**表紙画像を設定**することができます。表紙画像には、パソコンに保存されている**画像ファイルやストック画像**のほか、**動画内のワンシーン**を設定することもできます。

練習▶77_表紙画像の挿入

1 表紙画像を設定する

解説

表紙画像を挿入する

再生前の動画には映像の最初の画面が表示されますが、動画の全体を象徴する画像や動画内の場面を表紙として設定すると、内容がよりわかりやすくなります。動画の表紙画像には、別途用意した画像ファイルやストック画像、オンライン画像、アイコン、動画内の画像（215ページの「応用技」参照）を指定できます。
ここでは、パソコンに保存されている画像ファイルを表紙画像に設定します。

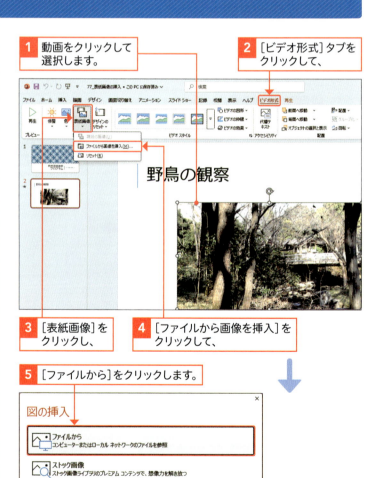

214

表紙画像を削除する

表紙画像を削除するには、動画をクリックして選択し、[ビデオ形式]タブの[表紙画像]をクリックして、[リセット]をクリックします。

6 ファイルの保存場所を指定して、
7 目的のファイルをクリックし、
8 [挿入]をクリックすると、
9 表紙画像が挿入されます。

 解説　動画内のワンシーンを表紙画像にする

動画内のワンシーンを表紙画像にすることもできます。
動画左下の▶をクリックして動画を再生し、目的の位置まで再生したら❙❙をクリックして一時停止します。[ビデオ形式]タブの[表紙画像]をクリックして、[現在の画像]をクリックすると、そのシーンが表紙画像に設定されます。

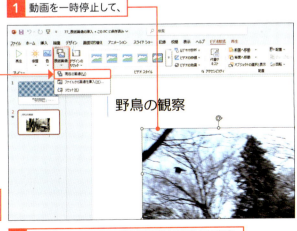

1 動画を一時停止して、
2 [表紙画像]から[現在の画像]をクリックすると、
3 動画内のワンシーンが表紙画像に設定されます。

Section 78 パソコンの画面操作を録画してスライドに挿入しよう

ここで学ぶこと
- 画面録画
- 領域の選択
- 録画

アプリの操作など、**パソコン画面での操作を録画**して、スライドに動画として挿入することができます。**音声（ナレーション）を録画**したり、**マウスポインターを録画**したりすることもできます。

練習▶78_パソコン操作の録画、78_photo.jpg

1 パソコンの画面操作を録画して挿入する

解説
パソコンの画面操作の録画

パソコンの画面操作を録画して、スライドに動画として挿入することができます。ここでは、「フォト」アプリで表示した画像をトリミングして、保存するまでの操作を録画します。

補足
音声とポインターの録画

音声（ナレーション）とポインターを録画しない場合は、コントロールドックの[オーディオ]と[ポインターの録画]をクリックしてオフにします。

ヒント
画面全体を選択して記録する

右の手順では領域を選択していますが、デスクトップ画面全体を録画する場合は、■＋Shift＋Fを押します。

---

1 操作する画面（ここでは「フォト」アプリ）を開いておきます。

2 画面録画を挿入するスライドを表示して、[記録]タブをクリックし、

3 [画面録画]をクリックします。

4 コントロールドックが表示されるので、[領域の選択]をクリックして、

左の「補足」参照

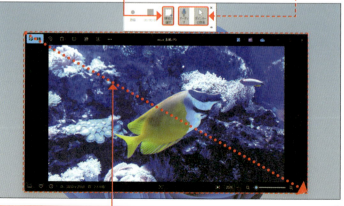

5 録画したい範囲をドラッグして選択します。

補足

コントロールドックの表示

「コントロールドック」は、録画を操作する機能をまとめたツールです。録画中は、自動的にデスクトップ画面の上中央に格納されます。デスクトップ画面の上部にマウスポインターを合わせると、コントロールドックが再表示されます。
コントロールドックを固定するには、コントロールドックの右下の[ドックの固定]をクリックするか、⊞＋Shift＋Iを押します。

6 [録画]をクリックすると、

7 3秒後のカウントダウンが表示されたあと、録画が開始されるので、

8 録画したい操作を実行します。

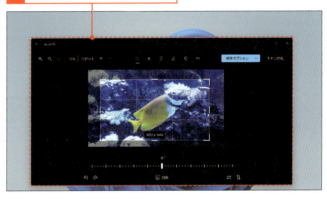

9 操作が終了したら、[停止]をクリックするか、⊞＋Shift＋Qを押すと、

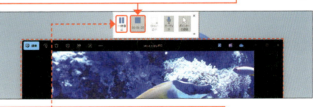

ここをクリックすると、録画が一時停止します。

10 録画した動画がスライド上に挿入されます。

ショートカットキー

録画の一時停止／再開／終了

● 録画の一時停止／再開
⊞＋Shift＋D

● 録画の終了
⊞＋Shift＋Q

Section 79 オーディオを挿入しよう

ここで学ぶこと
・オーディオファイル
・自動で再生
・バックグラウンドで再生

スライドの内容に合わせた**効果音**や**BGM**などの**オーディオを再生**すると、出席者の関心を引きつけ、プレゼンテーションの内容を効果的に伝えることができます。オーディオの再生と停止のタイミングは変更できます。

練習▶79_オーディオの挿入

1 パソコンに保存してあるオーディオを挿入する

解説

スライドにオーディオを挿入する

スライドにオーディオ(音楽)を挿入するには、事前にオーディオファイルをパソコン内に保存しておき、右の手順で操作します。挿入したオーディオを削除するには、サウンドのアイコンをクリックして選択し、[delete]を押します。

補足

挿入できるオーディオファイル

スライドに挿入できる主なオーディオのファイル形式は、以下のとおりです。

・AIFF audio file (.aiff)
・AU audio file (.au)
・MIDI file (.mid、.midi)
・MP3 audio file (.mp3)
・MP4 Audio (.m4a、.mp4)
・Windows audio file (.wav)
・Windows Media Audio file (.wma)

1 オーディオを挿入するスライドを表示して、
2 [挿入]タブの[オーディオ]をクリックし、
3 [このコンピューター上のオーディオ]をクリックします。
4 ファイルの保存場所を指定して、
5 目的のファイルをクリックし、
6 [挿入]をクリックすると、

7 オーディオが挿入され、サウンドのアイコンが表示されます。

左の「ヒント」参照

8 アイコンにマウスポインターを合わせて、

9 ドラッグすると、アイコンが移動します。

10 クリックすると、オーディオが再生されます。

補足

オーディオを自動で再生させる

初期設定では、スライドショーを実行したときに、スライド画面またはサウンドのアイコンをクリックすると、オーディオが再生されます。オーディオを挿入したスライドが表示されたときに自動で再生されるようにするには、サウンドのアイコンをクリックして選択し、[再生]タブの[開始]を[自動]に設定します。

ヒント

次のスライドに切り替わったあとも再生する

初期設定では、次のスライドに切り替わると、オーディオの再生が停止します。次のスライドに切り替わったあとも再生されるようにするには、サウンドのアイコンをクリックして選択し、[再生]タブの[スライド切り替え後も再生]をオンにします。

解説 BGMとして利用する

オーディオをBGMとして利用したいときは、サウンドのアイコンをクリックして選択し、[再生]タブの[バックグラウンドで再生]をクリックします。[オーディオのオプション]の[開始]が[自動]に設定され、[スライド切り替え後も再生][停止するまで繰り返す][スライドショーを実行中にサウンドのアイコンを隠す]の各項目がオンになります。オーディオをBGMとして設定すると、スライドが切り替わっても音楽が流れ続けます。

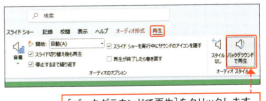

[バックグラウンドで再生]をクリックします。

Section 80 Webページのリンクを挿入しよう

ここで学ぶこと
- リンクの設定
- リンクの削除
- リンク先の表示

文字やオブジェクトに**リンクを設定**すると、クリックするだけで、**リンク先を表示**することができます。リンク先には、Webページのほか、プレゼンテーション内のほかのスライドや、ファイルなどを指定することができます。

練習▶80_リンクの挿入

1 リンクを挿入する

解説

リンクを挿入する

ここでは、文字にリンクを設定していますが、リンクは図形や画像などのオブジェクトにも設定することができます。
また、手順5ではリンク先のURLをキーボードで入力していますが、Webブラウザーのアドレスバーに表示されるURLを右クリックしてコピーし、[アドレス]欄に貼り付けると、入力ミスを防ぐことができます。

1 リンクを設定する文字を選択して、
2 [挿入]タブをクリックし、
3 [リンク]をクリックします。
4 [ファイル、Webページ]をクリックして、

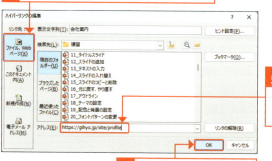

5 [アドレス]にリンク先のURLを入力し、
6 [OK]をクリックすると、

ヒント

リンク先にほかのスライドを指定する

リンク先に同じプレゼンテーション内のほかのスライドを指定するには、手順4で[このドキュメント内]をクリックし、表示されるスライドの一覧から目的のスライドを指定します。

リンクが設定された文字

文字にリンクを設定すると、右図のように下線が引かれ、フォントの色がハイパーリンク用の色に変わります。この色は、設定しているテーマとバリエーションの配色によって決まります。フォントの色を変更したい場合は、オリジナルの配色パターンを作成します（71ページの「応用技」参照）。

リンクを削除する

リンクを削除するには、リンクを設定した文字やオブジェクトを右クリックし、[リンクの削除]をクリックします。

解説

リンク先の表示

スライドショーの実行中にリンク先を表示するには、リンクが設定された文字やオブジェクトをクリックします。

7 文字にリンクが設定されます。

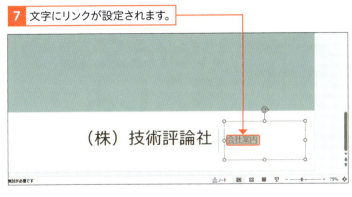

8 リンクが設定された文字を右クリックして、

9 [リンクを開く]をクリックすると、

10 リンク先のWebページが表示されます。

Section 81 | Word文書やPDF文書を挿入しよう

ここで学ぶこと
- Word文書の挿入
- オブジェクトの挿入
- ファイルの挿入

スライドには、Word文書やPDFファイルなど、**ほかのアプリで作成したファイルをオブジェクトとして挿入**することができます。挿入するファイルを、作成もとのファイルにリンクさせることもできます。

📁 練習▶81_ファイルの挿入、81_食品ロスの現状.docx

① Word文書を挿入する

💬 解説

ファイルを挿入する

スライドには、Officeアプリで作成したファイルやPDFファイル、テキストファイルなど、さまざまなファイルを挿入することができます。

1 Word文書を挿入するスライドを表示して、
2 [挿入]タブをクリックし、
3 [オブジェクト]をクリックします。

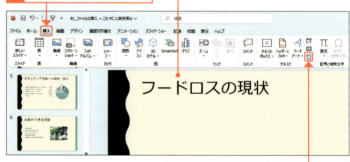

4 [ファイルから]をクリックして、

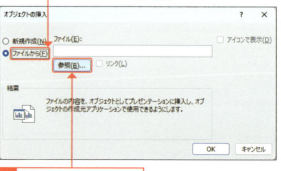

5 [参照]をクリックします。

💡 ヒント

オブジェクトを新しく作成する

スライド上でExcelなどほかのアプリを利用して、新しいオブジェクトを作成することができます。手順 4 で[新規作成]をクリックして、[オブジェクトの種類]で目的のオブジェクトを選択し、[OK]をクリックします。リボンなどが選択したアプリ用に変わったり、作成するアプリが起動したりするので、オブジェクトを作成します。

解説

ファイルをリンクさせる

[オブジェクトの挿入]ダイアログボックスで[リンク]をオンにすると、ファイルをリンク貼り付けすることができます。リンク貼り付けした場合、もとのファイルに変更を加えると、スライドに挿入したファイルにも変更が反映されます。

ヒント

挿入したオブジェクトを削除する

挿入したオブジェクトを削除するには、目的のオブジェクトをクリックして選択し、Delete を押します。

補足

挿入したオブジェクトを編集する

挿入したオブジェクトを編集するには、オブジェクトをダブルクリックします。Officeアプリで作成したファイルの場合は、作成したアプリのリボンに変わり、編集が行えます。編集が終わったら、オブジェクトの枠外をクリックすると、もとの画面に戻ります。
そのほかのアプリの場合は、作成したアプリが起動して、オブジェクトを編集することができます。

---

6 ファイルの保存場所を指定して、

7 目的のファイルをクリックし、

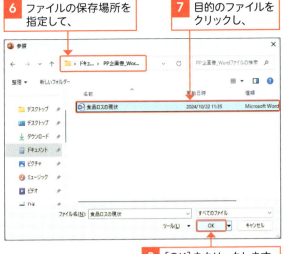

8 [OK]をクリックします。

左の「解説」参照

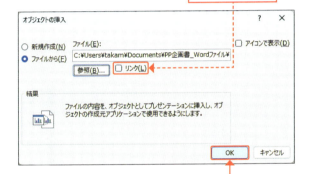

9 [OK]をクリックすると、

10 Wordのファイルがオブジェクトとして挿入されます。

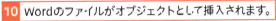

Section 82 [動作設定ボタン]を挿入しよう

ここで学ぶこと
・動作設定ボタン
・ハイパーリンク
・リンク先の指定

動作設定ボタンは図形の一種で、ハイパーリンクを設定したり、ほかのアプリを起動したりする用途に利用できます。ここでは、クリックすると最初のスライドを表示する[動作設定ボタン]を挿入しましょう。

練習▶82_動作設定ボタン

1 [動作設定ボタン]を挿入する

解説

[動作設定ボタン]の種類

[動作設定ボタン]のうち、次の6種類は、クリック時に実行する動作があらかじめ設定されています。

◁ 戻る／前へ
　戻る前のスライドを表示します。
▷ 進む／次へ
　次のスライドを表示します。
◁| 最初に移動
　最初のスライドを表示します。
|▷ 最後に移動
　最後のスライドを表示します。
⌂ ホームへ移動
　最初のスライドを表示します。
↶ 戻る
　直前のスライドを表示します。

補足

[動作設定ボタン]のサイズ

手順4でスライド上を斜めにドラッグすると、ドラッグした大きさで[動作設定ボタン]を挿入することができます。

1 [動画設定ボタン]を表示するスライドを表示して、[挿入]タブをクリックし、

2 [図形]をクリックします。

3 目的の[動作設定ボタン]（ここでは[動作設定ボタン:最初に移動]）をクリックして、

4 ボタンを挿入する位置でクリックします。

アプリを実行する

[動作設定ボタン]をクリックしたときにアプリが実行されるようにするには、手順6で[プログラムの実行]をオンにして、[参照]をクリックし、実行させるアプリを指定します。

5 [マウスのクリック]をクリックして、

6 [ハイパーリンク]をクリックしてオンにし、

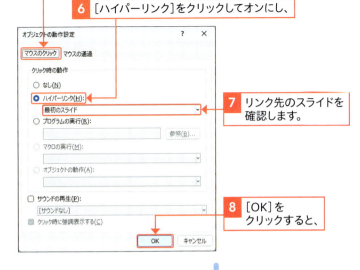

7 リンク先のスライドを確認します。

8 [OK]をクリックすると、

9 指定した位置に、[動作設定]ボタンが挿入されます。

[動作設定ボタン]に書式を設定する

[動作設定ボタン]は、ほかの図形と同様に、サイズや色などを変更することができます（116、121ページ参照）。

ヒント　リンク先を指定する

[動作設定ボタン]をクリックして表示させるリンク先には、スライドだけでなく、ほかのプレゼンテーションやファイル、Webページなども指定することができます。

1 ここをクリックして、

2 リンク先を指定します。

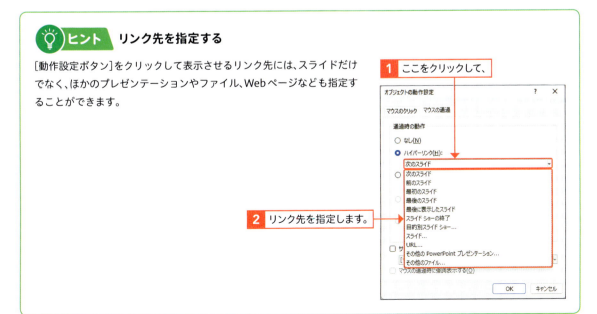

解説 オブジェクトに動作を設定する

文字や図形、画像などのオブジェクトにも[動作設定ボタン]のような動作を設定することができます。

動作を設定したい文字やオブジェクトを挿入して選択し、[挿入]タブの[動作]をクリックして表示される[オブジェクトの動作設定]ダイアログボックスで、動作を設定します。

ここでは、画像をクリックしたときにWebページが表示されるように設定しましょう。

1 動作を設定したい画像をクリックして選択し、
2 [挿入]タブをクリックして、
3 [動作]をクリックします。

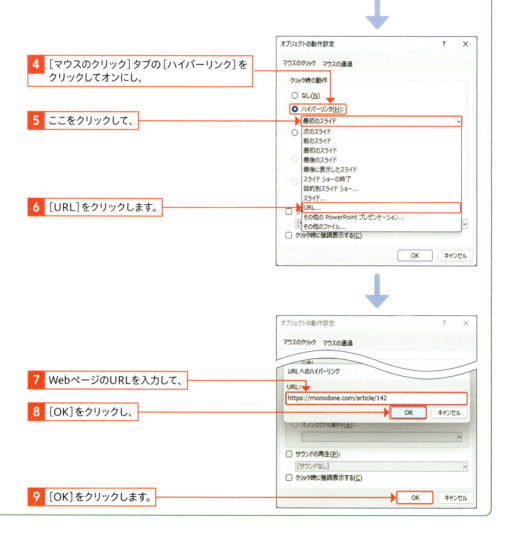

4 [マウスのクリック]タブの[ハイパーリンク]をクリックしてオンにし、
5 ここをクリックして、
6 [URL]をクリックします。
7 WebページのURLを入力して、
8 [OK]をクリックし、
9 [OK]をクリックします。

第 **8** 章

アニメーションを利用しよう

Section 83　スライド切り替え時の効果を設定しよう

Section 84　画面切り替え効果の設定を変更しよう

Section 85　テキストや図形にアニメーションを設定しよう

Section 86　テキストのアニメーションを変更しよう

Section 87　SmartArtにアニメーションを設定しよう

Section 88　グラフにアニメーションを設定しよう

Section 89　軌跡に沿ってアニメーションを設定しよう

Section 90　アニメーションをコピー＆貼り付けしよう

Section 91　アニメーション効果の活用例

この章で学ぶこと

アニメーションの活用方法を知ろう

▶ 2種類のアニメーション

PowerPointでは、プレゼンテーションでスライドが切り替わるときに動きを付ける「画面切り替え効果」と、テキストや図形、グラフなどのオブジェクトに動きを付ける「アニメーション効果」を設定することができます。
組み合わせて使うと、プレゼンテーションを印象的に演出することができますが、動きが複雑なアニメーションを多用すると、出席者は肝心の内容に集中できなくなります。適切なアニメーションを適度に使用するように心がけましょう。

▶ スライドに画面切り替え効果を設定する

スライドの切り替え時にアニメーションを設定するには、[画面切り替え]タブを利用します。切り替え効果の方向や速度を変更したり、効果音を追加したりすることもできます。
画面切り替え効果には、シンプルなものからダイナミックなものまで、さまざまな効果が用意されています。1つのプレゼンテーション内で多くの種類の効果を使用すると見づらくなりますので、1、2種類に絞るとよいでしょう。

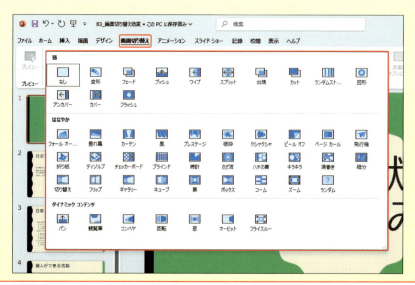

画面切り替え効果には、シンプルなものからダイナミックなものまで、さまざまな効果が用意されています。

オブジェクトにアニメーション効果を設定する

●開始／強調／終了のアニメーション効果を設定する

テキストや図形、画像、グラフ、SmartArtなどのオブジェクトに個別にアニメーション効果を設定するには、[アニメーション]タブを利用します。
アニメーション効果は、「開始」「強調」「終了」の3種類があります。また、動く方向やタイミング、速度なども設定できます。

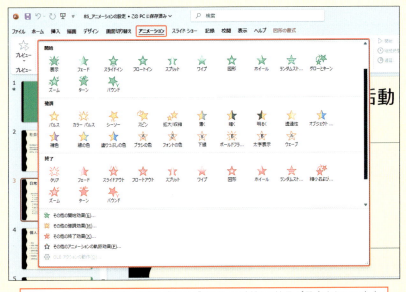

アニメーション効果には、「開始」「強調」「終了」の3種類の効果が用意されています。

●アニメーションの軌跡を設定する

アニメーションの軌跡を利用すると、オブジェクトをいろいろな軌跡で動かすことができます。あらかじめ用意されている軌跡から選択できるほか、[ユーザー設定パス]を利用し、スライド上をドラッグして、軌跡を自由に描くこともできます。

アニメーションの軌跡を利用すると、オブジェクトを軌跡に沿って動かすことができます。

Section 83 スライド切り替え時の効果を設定しよう

ここで学ぶこと
・画面切り替え効果
・効果のオプション
・切り替え方向

スライドが次のスライドへ切り替わるときに、画面切り替え効果を設定することができます。シンプルなものからダイナミックなものまで、さまざまな効果が用意されています。スライドの切り替わる方向を変更することもできます。

練習▶83_画面切り替え効果

1 画面切り替え効果を設定する

重要用語

画面切り替え効果

「画面切り替え効果」とは、スライドから次のスライドへ切り替わる際に、画面に変化を与える効果のことです。「弱」「はなやか」「ダイナミックコンテンツ」のそれぞれから選択することができます。

1 目的のスライドのサムネイルをクリックして選択します。

2 [画面切り替え]タブをクリックして、

3 [画面切り替え]グループのここをクリックし、

4 目的の画面切り替え効果(ここでは[時計])をクリックすると、

補足

タイトルスライドへの設定

画面切り替え効果は、タイトルスライドにも同様に設定できます。タイトルスライドに切り替え効果を設定した場合は、プレゼンテーションを実行する際、設定した切り替え効果でスライドショーが始まります。

5 画面切り替え効果が設定されます。

画面切り替え効果が設定されていることを示すアイコンが表示されます。

解説
アイコンが表示される

スライドに画面切り替え効果を設定したり、オブジェクトにアニメーション効果を設定したりすると、サムネイルウィンドウのスライド番号の下に、アイコン★が表示されます。

② 効果のオプションを設定する

解説
スライドの切り替わる方向を変更する

画面切り替え効果の種類によっては、切り替え効果の方向を変更することができます。[画面切り替え]タブの[効果のオプション]から、目的の方向を指定します。

1 [画面切り替え]タブをクリックして、

2 [効果のオプション]をクリックし、

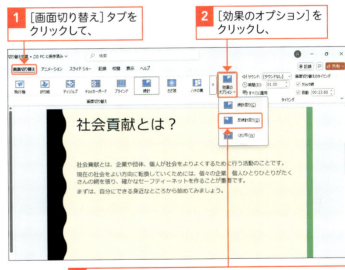

3 目的の方向(ここでは[反時計回り])をクリックすると、方向が変更されます。

補足　[効果のオプション]の項目

[効果のオプション]に表示される項目は、設定している画面切り替え効果の種類によって異なります。たとえば、[キラキラ]を設定している場合は、図形と方向(左図)、[ワイプ]を設定している場合は、上下左右の方向(右図)を設定できます。

③ 画面切り替え効果を確認する

解説

画面切り替え効果を確認する

画面切り替え効果を設定したら、[画面切り替え] タブの [プレビュー] をクリックして、効果を確認します。ここでは、230～231ページで画面切り替え効果の [時計] を [反時計回り] に設定した画面切り替え効果を確認しましょう。

補足

画面切り替えのタイミング

画面切り替え効果を確認して、切り替え時間などが気になった場合は、タイミングを調整します。速度やタイミングの設定については、234ページで解説します。

ヒント

画面切り替え効果を変更する

画面切り替え効果をプレビューで確認して、イメージしていたものと違った場合は、230ページの方法でほかの画面切り替え効果を選択すると、設定し直すことができます。

---

1 [画面切り替え] タブをクリックして、

2 [プレビュー] をクリックすると、

3 画面切り替え効果が再生されます。

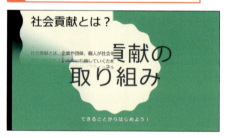

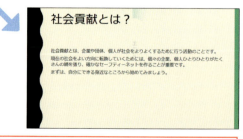

前のスライドが反時計回りに消えていき、現在のスライドが表示されます。

④ 画面切り替え効果を削除する

解説

画面切り替え効果を削除する

設定した画面切り替え効果が不要になった場合は、[画面切り替え]タブの[画面切り替え]グループの一覧から[なし]をクリックします。

ヒント

すべての画面切り替え効果を削除する

すべてのスライドに設定した画面切り替え効果を削除するには、手順4のあと、[画面切り替え]タブの[すべてに適用]をクリックします。

1 目的のスライドのサムネイルをクリックして選択します。

2 [画面切り替え]タブをクリックして、

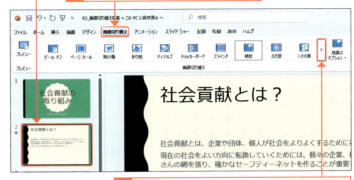

3 [画面切り替え]グループのここをクリックし、

4 [なし]をクリックすると、

5 画面切り替え効果が削除されます。

画面切り替え効果が設定されていることを示すアイコンも消えます。

Section 84 画面切り替え効果の設定を変更しよう

ここで学ぶこと
・画面切り替えのタイミング
・速度
・効果音

画面切り替え効果の速度や切り替えのタイミングは、設定した効果によって異なりますが、これらの速度やタイミングは変更することができます。また、スライドが切り替わるときに効果音を鳴らすこともできます。

練習▶84_画面切り替え効果の変更

1 画面切り替え効果の速度とタイミングを設定する

解説 画面切り替え効果の速度を変更する

画面切り替え効果の速度を変更するには、[画面切り替え]タブの[期間]で、切り替え効果の継続時間を秒単位で指定します。数値が小さいと速度が速くなり、大きいと速度が遅くなります。

1 目的のスライドのサムネイルをクリックして選択します。

2 [画面切り替え]タブをクリックして、

3 [期間]で画面切り替え効果の継続時間(速度)を指定します。

解説 スライドが切り替わる時間を設定する

画面切り替え効果は、初期設定では、スライドショーを実行中に画面をクリックすると実行されます。指定した時間が経過したあとに次のスライドに自動的に切り替わるようにするには、[画面切り替え]タブの[自動]をオンにして、横のボックスで切り替わるまでの時間を指定します。

4 [自動]をクリックしてオンにし、

5 次のスライドに切り替わるまでの時間(タイミング)を指定します。

② スライドが切り替わるときに効果音を鳴らす

解説
効果音を設定する

参加者をスライドに注目させるには、画面が切り替わるときに音を鳴らすと効果的です。［画面切り替え］タブの［サウンド］をクリックしてサウンドを指定します。設定した効果音を削除するには、手順 2 で［サウンドなし］をクリックします。

補足
すべてのスライドに同じ効果を設定する

画面切り替え効果、タイミングなどの設定をすべてのスライドに適用するには、効果を設定したスライドをクリックして、［画面切り替え］タブの［すべてに適用］をクリックします。

1 ［画面切り替え］タブの［サウンド］のここをクリックして、

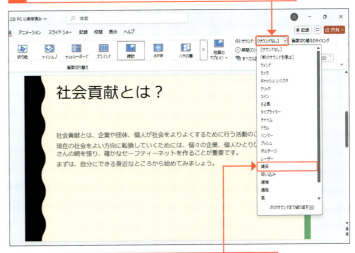

2 目的のサウンド（ここでは［喝采］）をクリックすると、

3 効果音が設定されます。

応用技　パソコン内に保存してあるサウンドファイルを指定する

スライドが切り替わるときの効果音に、パソコン内に保存してあるサウンドファイルを指定する場合は、上の手順 2 で［その他のサウンド］をクリックします。［オーディオの追加］ダイアログボックスが表示されるので、サウンドファイルを指定します。

1 ファイルの保存場所を指定して、

2 目的のファイルをクリックし、

3 ［OK］をクリックします。

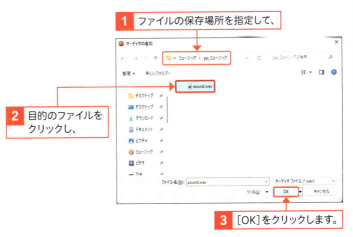

Section 85 テキストや図形にアニメーションを設定しよう

ここで学ぶこと
- アニメーション効果
- 効果の方向
- タイミングと速度

スライド上のテキストやオブジェクトには、個別にアニメーション効果を設定して動きを付けることができます。アニメーションの効果の方向や開始のタイミング、速度は、変更することができます。

練習▶85_アニメーションの設定

1 テキストにアニメーション効果を設定する

解説　アニメーション効果を設定する

テキストや図形、画像などのオブジェクトにアニメーション効果を設定するには、目的のオブジェクトを選択し、[アニメーション]タブの[アニメーション]グループから、目的のアニメーションをクリックします。[アニメーション]タブでは、アニメーション効果の追加や設定の変更なども行うことができます。

1 アニメーション効果を設定するプレースホルダーの枠線をクリックして選択します。

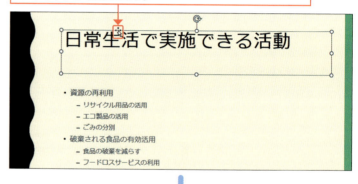

2 [アニメーション]タブをクリックして、

3 [アニメーション]グループのここをクリックし、

解説

アニメーション効果の種類

アニメーション効果には、大きく分けて次の4種類があります。

- 開始
  オブジェクトを表示させます。
- 強調
  オブジェクトを強調します。
- 終了
  オブジェクトを消します。
- アニメーションの軌跡
  オブジェクトを軌跡に沿って自由に動かします（250ページ参照）。

なお、手順4で目的のアニメーション効果が表示されない場合は、一覧の下にある[その他の開始効果]などをクリックすると表示されるダイアログボックスを利用します。

4 目的のアニメーション効果（ここでは［開始］の［スライドイン］）をクリックすると、

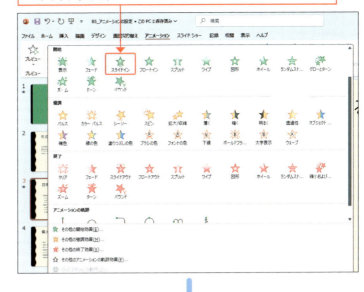

5 アニメーションが再生されたあと、アニメーション効果が設定されます。

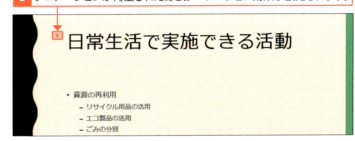

② アニメーション効果の方向を変更する

解説

アニメーション効果を選択する

アニメーション効果を設定すると、スライドのオブジェクトの左側に、アニメーションの再生順序が数字アイコンで表示されます。アニメーション効果を選択するには、［アニメーション］タブをクリックして、目的のアニメーション効果の数字アイコンをクリックします。なお、この数字アイコンは、［アニメーション］タブをクリックしたときのみ表示されます。

1 ［アニメーション］タブをクリックして、

2 アニメーション効果の数字アイコンをクリックして選択します。

237

解説

アニメーションの方向を変更する

アニメーション効果の種類によっては、テキストやオブジェクトが動く方向を変更することができます。[効果のオプション]に表示される項目は、設定しているアニメーションによって異なります。

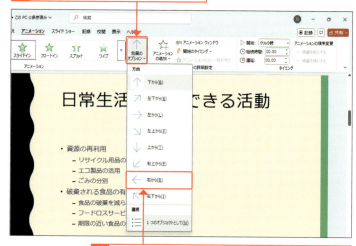

3 アニメーションのタイミングや速度を変更する

解説

アニメーションの再生のタイミング

テキストやオブジェクトに設定したアニメーション効果は、再生するタイミングを変更することができます。選択できる項目は、以下のとおりです。

- **クリック時**
  スライドショーの再生時に、画面上をクリックすると再生されます。
- **直前の動作と同時**
  直前に再生されるアニメーションと同時に再生されます。
- **直前の動作の後**
  直前に再生されるアニメーションのあとに再生されます。前のアニメーションが終了してから次のアニメーションが再生されるまでの時間は、[遅延]で指定できます。

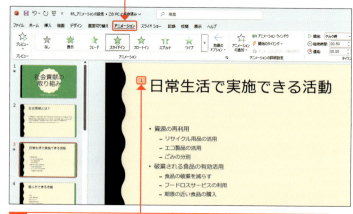

解説

アニメーションの速度を変更する

アニメーションの速度を変更するには、[アニメーション]タブの[継続時間]で、アニメーションの継続時間を秒単位で指定します。数値が小さいと速度が速くなり、大きいと速度が遅くなります。
[遅延]では、前のアニメーションが終了してから次のアニメーションが再生されるまでの時間を秒単位で指定します。

5 [遅延]で再生開始までの時間を指定し、

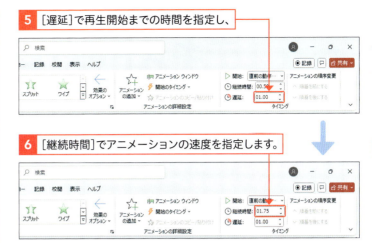

6 [継続時間]でアニメーションの速度を指定します。

4 アニメーション効果を確認する

解説

アニメーション効果を確認する

[アニメーション]タブの[プレビュー]のアイコン部分をクリックすると、そのスライドに設定されているアニメーション効果が再生されます。

1 [アニメーション]タブをクリックして、

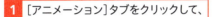

2 [プレビュー]をクリックすると、

3 アニメーションが再生されます。

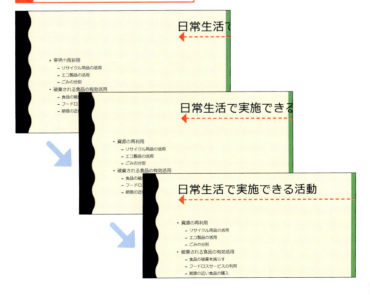

Section 86 テキストのアニメーションを変更しよう

ここで学ぶこと
・テキストの動作
・段落ごとの再生
・再生後のテキストの色

アニメーション効果を設定した**テキスト**は、初期設定では、すべての文字が同時に動作しますが、**文字単位で表示**させることもできます。また、**段落ごとに再生のタイミングを設定**することも可能です。

練習▶86_アニメーションの変更

1 テキストを文字単位で表示する

解説
アニメーション効果の詳細設定

アニメーション効果の詳細は、右のようにアニメーション効果のダイアログボックスで設定します。方向や開始、終了の時間、サウンドの指定やテキストの動作などを設定することができます。
なお、ダイアログボックスの名称は、設定したアニメーションによって異なります。

ヒント
テキストを単語単位で表示する

手順 6 で［単語単位で表示］をクリックすると、テキストを単語単位で表示することができます。

1 ［アニメーション］タブをクリックして、

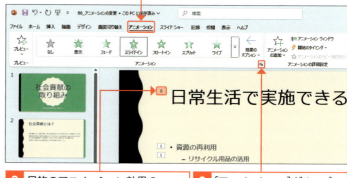

2 目的のアニメーション効果の数字アイコンをクリックして選択し、

3 ［アニメーション］グループのここをクリックします。

4 ［効果］をクリックして、

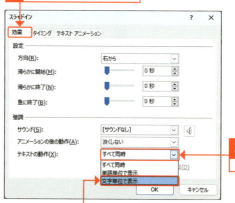

5 ［テキストの動作］をクリックし、

6 ［文字単位で表示］をクリックします。

解説 文字が表示される間隔を設定する

手順7では、次の文字が表示されるまでの間隔を設定できます。「100」を指定すると、1つ目の文字のアニメーションが終了してから次の文字のアニメーションが開始されます。

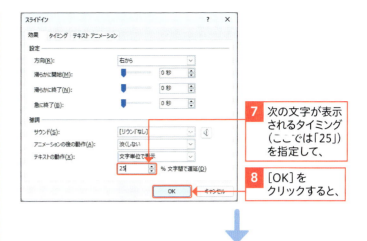

7 次の文字が表示されるタイミング（ここでは「25」）を指定して、

8 [OK]をクリックすると、

9 テキストが文字単位で表示されるようになります。

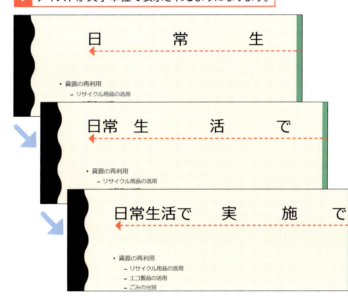

応用技 アニメーション再生後のテキストの色を変更する

アニメーションの再生後にテキストの色を変更することもできます。[スライドイン]ダイアログボックスで[アニメーションの後の動作]から、目的の色をクリックします。
また、[アニメーションの後で非表示にする]をクリックすると、アニメーションの再生後にオブジェクトを非表示にすることができます。

1 ここをクリックして、

2 目的の色をクリックします。

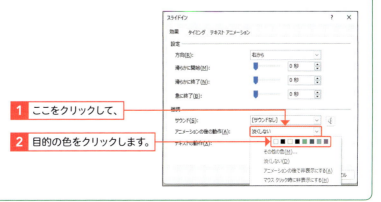

86 テキストのアニメーションを変更しよう

8 アニメーションを利用しよう

241

② 一度に表示されるテキストのレベルを変更する

解説

一度に表示されるテキストのレベルを設定する

レベルを設定したテキストにアニメーション効果を設定すると、初期設定では、異なるレベルのテキストのアニメーションが同時に再生されます。
右の手順では、第1レベルのテキストのアニメーションが再生されたあと、第2レベル以下のテキストのアニメーションが再生されるように設定を変更しています。事前にアニメーション効果［スライドイン］を［右から］に設定しています。

応用技

アニメーション効果を繰り返す

アニメーションを繰り返して再生するには、手順4の［スライドイン］ダイアログボックスを表示して、下の手順で操作します。

1 ［タイミング］をクリックして、

2 ［繰り返し］のここをクリックし、

3 目的の回数をクリックします。

1 目的のプレースホルダーの枠線をクリックして選択します。

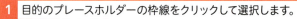

2 ［アニメーション］タブをクリックして、

3 ［アニメーション］グループのここをクリックします。

4 ［テキストアニメーション］をクリックして、

5 ［グループテキスト］をクリックし、

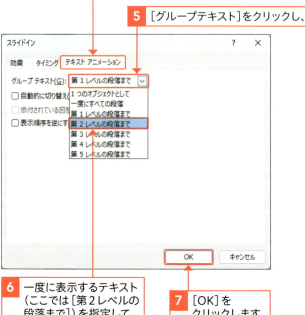

6 一度に表示するテキスト（ここでは［第2レベルの段落まで］）を指定して、

7 ［OK］をクリックします。

ヒント
再生順序を変更する

アニメーション効果の再生順序を変更するには、目的のアニメーション効果の数字アイコンをクリックして選択し、[アニメーション]タブの[順番を前にする]または[順番を後にする]をクリックします。

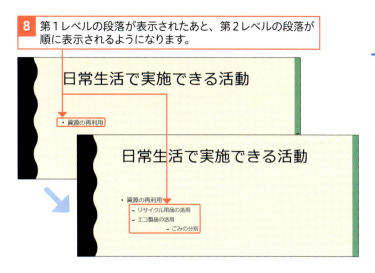

8 第1レベルの段落が表示されたあと、第2レベルの段落が順に表示されるようになります。

応用技　図形内のテキストだけにアニメーションを設定する

文字を入力した図形にアニメーション効果を設定すると、図形と文字が同時に再生されます。図形は固定のまま、文字だけにアニメーションを設定する場合は、アニメーション効果(ここでは[バウンド])ダイアログボックスを表示し、[テキストアニメーション]の[添付されている図を動かす]をオフにします。

また、図形と文字のアニメーションを別々に再生させる場合は、[添付されている図を動かす]をオンにしてから、[アニメーション]タブの[効果のオプション]をクリックし、[段落別]をクリックします。

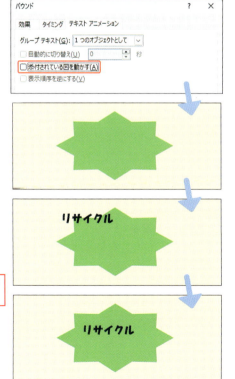

[バウンド]を設定しています。

図形はそのままで文字だけがバウンドします。

Section 87 SmartArtにアニメーションを設定しよう

ここで学ぶこと
・開始効果
・効果のオプション
・SmartArtの表示方法

SmartArtにもアニメーション効果を設定することができます。アニメーション効果を設定した直後は、SmartArt全体が1つのオブジェクトとして再生されますが、図形を個別に再生したり、レベル別に再生したりすることもできます。

練習▶87_SmartArtにアニメーション

1 SmartArtにアニメーション効果を設定する

解説
SmartArtにアニメーション効果を設定する

SmartArtにアニメーション効果を設定すると、初期設定では、SmartArt全体が1つのオブジェクトとして再生されます。アニメーション効果は、各図形を個別に再生したり、レベル別に再生したりできるので、目的に合わせて設定するとよいでしょう。

ヒント
複数のアニメーション効果を設定する

1つのオブジェクトには、たとえば開始と強調のように、複数のアニメーション効果を設定することができます。複数のアニメーションを設定する場合は、[アニメーション]タブの[アニメーションの追加]をクリックして、目的のアニメーション効果をクリックします。

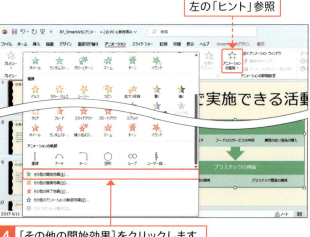

1 目的のSmartArtをクリックして選択します。
2 [アニメーション]タブをクリックして、
3 [アニメーション]グループのここをクリックし、
左の「ヒント」参照
4 [その他の開始効果]をクリックします。

解説

アニメーション効果を確認する

[開始効果の変更]ダイアログボックスの[効果のプレビュー]をオンにすると、項目を選択するごとにアニメーション効果がスライド上にプレビューされます。動きを確認してから設定するとよいでしょう。

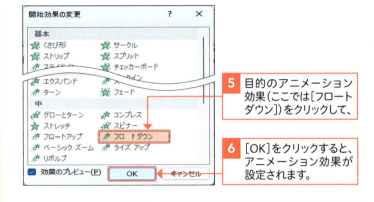

5 目的のアニメーション効果（ここでは[フロートダウン]）をクリックして、

6 [OK]をクリックすると、アニメーション効果が設定されます。

② 表示方法を変更する

解説

SmartArtの表示方法

手順では、SmartArtの表示方法を選択します。表示される項目は、SmartArtのレイアウトによって異なりますが、主に以下の5種類が用意されています。

- **1つのオブジェクトとして**
  SmartArt全体がレイアウトを保ったまま一度に再生されます。
- **すべて同時**
  すべての図形が同時に再生されます。
- **個別**
  各図形が順番に再生されます。
- **レベル（一括）**
  第1レベルの図形が同時に再生されたあと、第2レベルの図形が同時に再生されます。
- **レベル（個別）**
  第1レベルの図形が順番に再生されたあと、第2レベルの図形が順番に再生されます。

1 アニメーション効果の数字アイコンをクリックして選択し、

2 [効果のオプション]をクリックして、

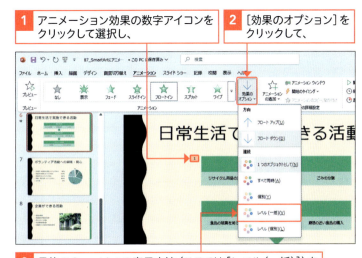

3 目的のSmartArtの表示方法（ここでは[レベル（一括）]）をクリックすると、

4 SmartArtの表示方法が変わります。

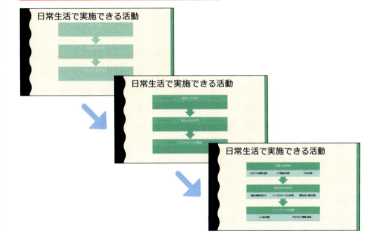

Section 88 グラフにアニメーションを設定しよう

ここで学ぶこと
・アニメーション効果
・グラフの表示方法
・グラフの背景の設定

グラフにも**アニメーション効果**を設定することができます。アニメーション効果はグラフ全体だけでなく、**系列別**、**項目別**、**要素別**に設定することもできます。グラフの背景にアニメーションを設定しないようにすることも可能です。

練習▶88_グラフにアニメーション

1 グラフ全体にアニメーション効果を設定する

解説

グラフにアニメーション効果を設定する

グラフにアニメーション効果を設定すると、初期設定では、グラフ全体が1つのオブジェクトとして表示されるように設定されます。アニメーション効果はグラフ全体だけでなく、系列別や項目別、要素別に設定することもできます。

1 目的のグラフをクリックして選択します。
2 [アニメーション]タブをクリックして、
3 [アニメーション]グループのここをクリックし、

4 目的のアニメーション効果（ここでは[開始]の[ワイプ]）をクリックすると、

補足

Excelのグラフへのアニメーション効果の設定

Excelで作成したグラフを挿入した場合も（184ページ参照）、右の手順でアニメーション効果を設定することができます。

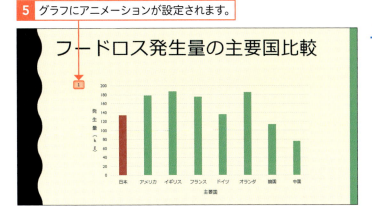

5 グラフにアニメーションが設定されます。

② 項目別にアニメーションを再生する

🗨 解説

グラフの表示方法

手順6では、グラフの表示方法を選択します。表示される項目は、グラフの種類によって異なりますが、主に以下の5種類が用意されています。

- **1つのオブジェクトとして**
  グラフ全体が1つのオブジェクトとして再生されます。
- **系列別**
  系列ごとに再生されます。
- **項目別**
  項目ごとに再生されます。
- **系列内の要素別**
  同じ系列のデータが項目別に再生されます。
- **項目内の要素別**
  1つの項目内に2系列以上のデータがある場合、項目内で系列が個別に再生されます。

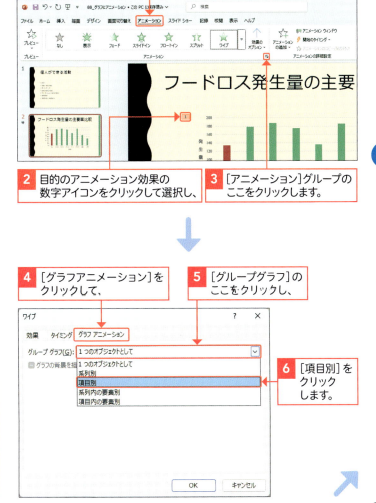

1 [アニメーション]タブをクリックして、

2 目的のアニメーション効果の数字アイコンをクリックして選択し、

3 [アニメーション]グループのここをクリックします。

4 [グラフアニメーション]をクリックして、

5 [グループグラフ]のここをクリックし、

6 [項目別]をクリックします。

解説

グラフの背景を設定する

グラフにアニメーション効果を設定すると、初期設定では、グラフの軸や目盛、凡例などにもアニメーション効果が設定されます。グラフの背景にアニメーション効果が設定されないようにするには、手順7で[グラフの背景を描画してアニメーションを開始]をオフにすると、背景が表示されている状態からアニメーションを再生させることができます。

7 [グラフの背景を描画してアニメーションを開始]をクリックしてオフにし、

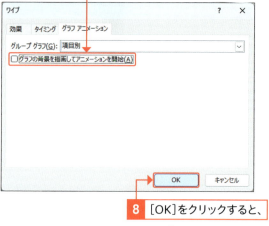

8 [OK]をクリックすると、

9 グラフの表示方法が変更されます。

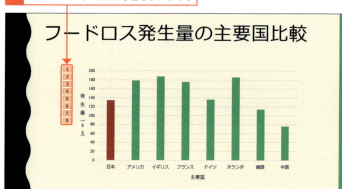

10 [アニメーション]タブをクリックして、

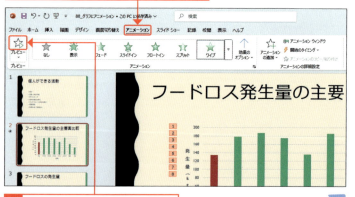

11 [プレビュー]をクリックすると、

ヒント

アニメーション効果を変更する

設定したアニメーション効果を変更するには、目的のアニメーション効果を選択し、アニメーション効果を設定するときと同様の方法で、アニメーション効果を選択します。

12 アニメーションが再生されます。

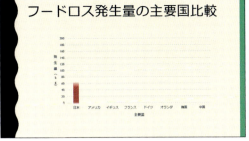

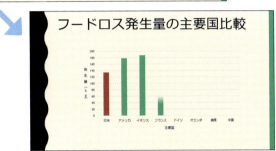

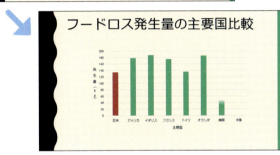

補足　[効果のオプション] を利用する

グラフのアニメーションの表示方法を変更するには、247ページのアニメーション効果名のダイアログボックスを利用するほかに、[アニメーション]タブの[効果のオプション]をクリックすると表示される[連続]グループから変更することもできます。

ここで表示方法を変更することもできます。

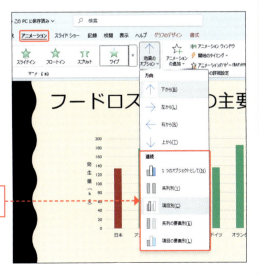

Section 89 軌跡に沿ってアニメーションを設定しよう

ここで学ぶこと
・アニメーションの軌跡
・軌跡の描画
・軌跡の編集

アニメーションの軌跡を設定すると、軌跡に沿ってオブジェクトを動かすことができます。軌跡はあらかじめ用意されている種類から選択できるほか、直線や曲線で軌跡を自由に描くこともできます。軌跡を編集することも可能です。

練習▶89_アニメーションの軌跡

1 アニメーションの軌跡を設定する

1 オブジェクトをクリックして選択します。

2 [アニメーション]タブをクリックして、

3 [アニメーション]グループのここをクリックし、

 重要用語

軌跡

「軌跡」とは、オブジェクトが通る道筋のことです。オブジェクトにアニメーションの軌跡を設定すると、軌跡に沿って動かすことができます。

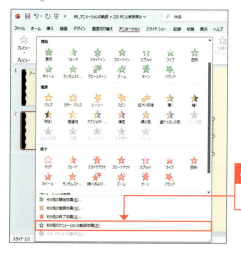

4 [その他のアニメーションの軌跡効果]をクリックします。

解説

用意されている軌跡の種類

あらかじめ用意されているアニメーションの軌跡は、直線上や対角線上を移動する単純なものや、スライド上を跳ね回ったり、ジグザグに移動したりといった複雑な動きができるものなど、60種類以上が用意されています。

アニメーション効果を確認する

[アニメーションの軌跡効果の変更]ダイアログボックスの[効果のプレビュー]をオンにすると、項目を選択するごとにアニメーション効果がスライド上にプレビューされます。動きを確認してから設定するとよいでしょう。

軌跡の始点と終点の表示

アニメーションの軌跡を設定すると、始点に緑色の三角形が、終点に赤色の三角形が表示されます。

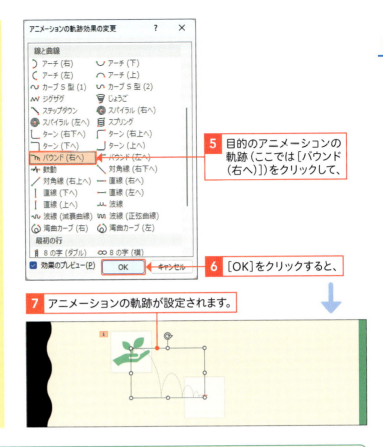

5 目的のアニメーションの軌跡（ここでは[バウンド（右へ）]）をクリックして、

6 [OK]をクリックすると、

7 アニメーションの軌跡が設定されます。

応用技　アニメーションの軌跡を拡大／縮小する

アニメーションの軌跡のサイズを変更するには、アニメーションの軌跡を選択すると表示されるハンドルをドラッグします。また、軌跡にマウスポインターを合わせてドラッグすると、軌跡を移動させることができます。

1 ハンドルにマウスポインターを合わせて、

2 ドラッグすると、軌跡のサイズが変わります。

② アニメーションの軌跡を自由に描く

💬 解説

アニメーションの軌跡を描画する

アニメーションの軌跡を自分で描くには、右の手順で操作し、スライド上をドラッグして、終点でダブルクリックします。

1 オブジェクトをクリックして選択します。

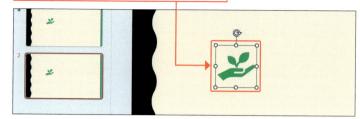

2 ［アニメーション］タブをクリックして、

3 ［アニメーション］グループのここをクリックし、

💡 ヒント

直線の軌跡を描く

アニメーションの動きをまっすぐにするには、直線の軌跡を使います。手順 4 のあと、スライド上をクリックして、上下左右や斜め方向の位置をクリックしながら軌跡を描き、終点でダブルクリックします。カクカクとした動きなど面白い効果が生まれます。
253ページの「応用技」の頂点の編集も可能で、角度などを変更できます。

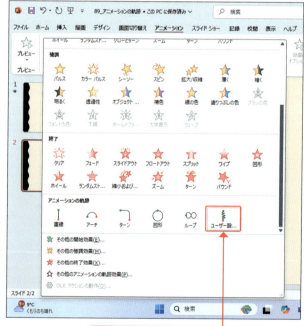

4 ［ユーザー設定パス］をクリックします。

アニメーション終了時に オブジェクトを消す

軌跡の終点をスライドの外に設定すると、アニメーションが終了したときにオブジェクトがスライド上から消えるように表現できます。

5 マウスをドラッグしながら軌跡を描き、

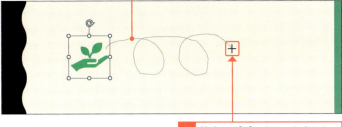

6 終点でダブルクリックすると、

7 アニメーションの軌跡が描けます。

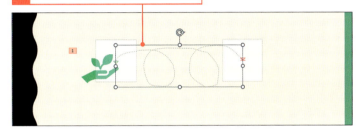

 アニメーションの軌跡を編集する

アニメーションの軌跡を編集するには、アニメーションの軌跡を右クリックして、[頂点の編集]をクリックします。頂点に■が表示されるので、■をドラッグすると頂点が移動します。また、曲線の場合は、■をクリックするとハンドル□が表示されるので、□をドラッグしてカーブを調整します。頂点の編集が終了したら、軌跡以外の部分をクリックします。

1 ■をクリックし、

2 ドラッグして移動します。

3 □をドラッグすると、カーブの角度が変わります。

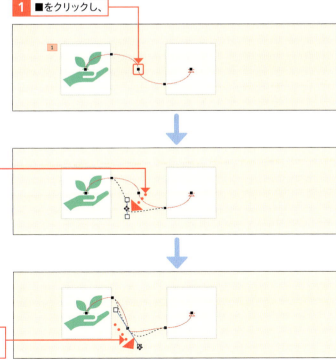

Section 90 アニメーションをコピー&貼り付けしよう

ここで学ぶこと
・アニメーションのコピー
・貼り付け
・複数のオブジェクト

複数のオブジェクトに同じアニメーション効果を設定したい場合、何度も設定を繰り返すのは手間がかかります。[アニメーションのコピー／貼り付け]を利用すると、アニメーション効果をほかのオブジェクトに貼り付けることができます。

練習▶90_アニメーションのコピーと貼り付け

1 アニメーション効果をコピー／貼り付けする

解説
アニメーションをコピー／貼り付けする

[アニメーションのコピー／貼り付け]を利用すると、設定したアニメーションを別のオブジェクトに貼り付けることができます。ここでは、図形に設定したアニメーションをコピーしていますが、テキストに設定したアニメーションも同様の手順でコピー／貼り付けすることができます。

注意
コマンドが利用できない場合

手順3で[アニメーションのコピー／貼り付け]が利用不可の場合は、コピーするアニメーション効果の数字アイコンを選択していることが原因です。オブジェクトをクリックして選択すると、[アニメーションのコピー／貼り付け]を利用できるようになります。

1 アニメーションをコピーするオブジェクトをクリックして選択します。

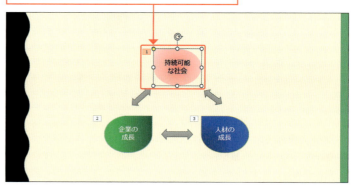

 2 [アニメーション]タブをクリックして、

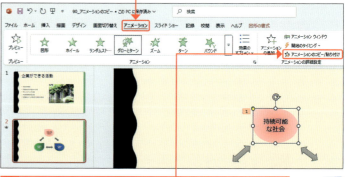

3 [アニメーションのコピー／貼り付け]をクリックします。

応用技 アニメーションを連続して貼り付ける

コピーしたアニメーションを複数のオブジェクトに貼り付けたい場合は、[アニメーションのコピー/貼り付け]をダブルクリックすると、連続して貼り付けることができます。

アニメーションの連続貼り付けを終了して、もとのマウスポインターに戻すには、Esc を押すか、[アニメーションのコピー/貼り付け]を再度クリックします。

4 貼り付け先のスライドをクリックして、

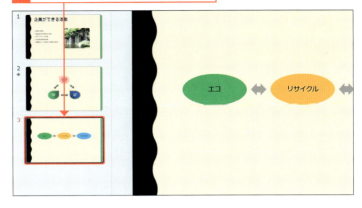

5 アニメーション効果を貼り付けたいオブジェクトをクリックすると、

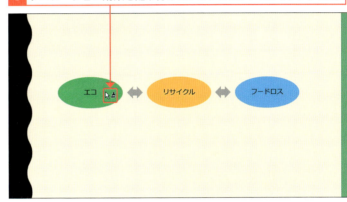

6 アニメーション効果が貼り付けられます。

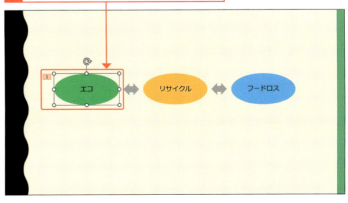

Section 91 アニメーション効果の活用例

ここで学ぶこと
・アニメーションの追加
・透過性
・効果のオプション

PowerPointには数多くの**アニメーション効果**が用意されています。具体的にどのようなときにどのようなアニメーション効果を設定したらよいのか、迷ってしまうことも多いでしょう。ここでは、**効果の活用例**をいくつかの紹介します。

練習▶ファイルなし

1 文字が浮かんで消えるようにする

解説 ［ズーム］と［フェード］を設定する

文字が浮かんで消えるようなアニメーション効果は、［開始］（237ページ参照）を［ズーム］に設定したあと、［アニメーションの追加］で［終了］の［フェード］を設定し、［フェード］のタイミングを［直前の動作の後］に設定します（238ページ参照）。ゆっくり表示されるようにすると、期待感が高まります。

2 文字を点滅させて強調する

解説 ［ブリンク］を設定する

文字数の少ないテキストを目立たせたいときは、アニメーション効果［その他の強調効果］の［ブリンク］を設定するとよいでしょう。2、3回繰り返すのがポイントです（242ページの「応用技」参照）。

③ オブジェクトを半透明にする

> 💬 **解説**
>
> **[透過性]を[個別]に設定する**
>
> オブジェクトを半透明にするには、アニメーション効果[強調]の[透過性]を設定して、[効果のオプション]で[個別]を指定します。スライドショー実行時に、説明の終わった項目を半透明にすれば、これから説明する項目に視線を集中させることができます。

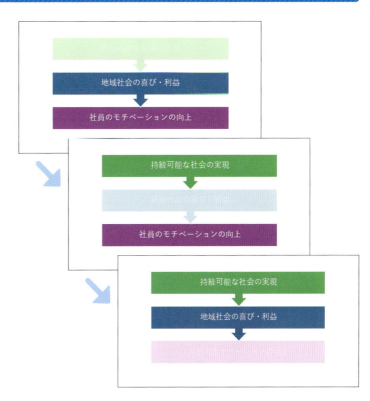

④ 矢印が伸びるように表示させる

> 💬 **解説**
>
> **[ピークイン]を矢印の向きに合わせて設定する**
>
> 矢印が根元から伸びるように表示させるには、アニメーション効果[その他の開始効果]の[ピークイン]を設定し、矢印の向きに合わせて[効果のオプション]で方向を設定します。

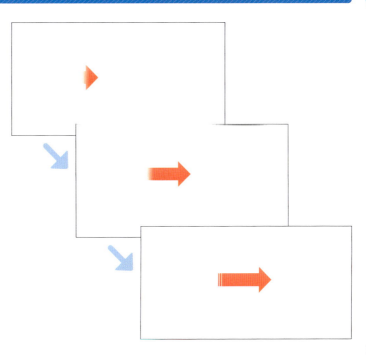

⑤ 折れ線グラフの線を徐々に表示させる

解説
[ワイプ]を[左から]に設定する

折れ線グラフの線を左側から徐々に表示させるには、アニメーション効果[開始]の[ワイプ]を設定し、[効果のオプション]で[左から]を指定します。
グラフの背景や軸、凡例などにアニメーションが設定されないように[ワイプ]ダイアログボックスを利用します(248ページ参照)。
また、グラフの表示方法として[グラフアニメーション]の[系列別]を指定すると折れ線グラフの線が続けて表示され、[項目別]を指定すると1項目ずつ表示されます(247ページ参照)。

⑥ 円グラフを時計回りに表示させる

解説
[ホイール]を[1スポーク]に設定する

円グラフを時計回りに表示させるには、アニメーション効果[開始]の[ホイール]を設定し、[効果のオプション]で[1スポーク]を指定します。
また、[効果のオプション]で[1つのオブジェクトとして]を指定するとグラフ全体が続けて表示され、[項目別]を指定すると1項目ずつ表示されます(249ページの「補足」参照)。

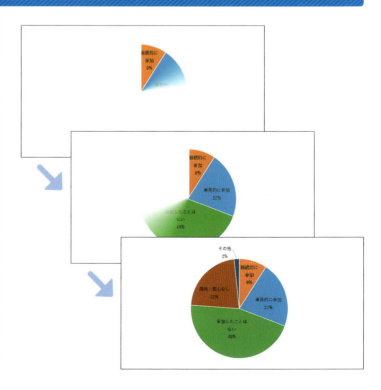

第 **9** 章

プレゼンテーションを実行しよう

Section 92　発表者用のメモをノートに入力しよう

Section 93　スライド切り替えのタイミングを設定しよう

Section 94　発表者ツールを使ってプレゼンテーションを実行しよう

Section 95　プレゼンテーションを進行しよう

Section 96　実行中にペンで書き込みをしよう

Section 97　プレゼンテーション実行時の機能を活用しよう

Section 98　プレゼンテーション実行中のトラブルを解決しよう

この章で学ぶこと

プレゼンテーション実行の流れを把握しよう

▶ プレゼンテーションの準備をする

本番でどのようなプレゼンテーションを行うかによって、さまざまな準備が必要になります。たとえば、発表者用のメモは入力するのか、切り替えのタイミングは設定するのか、スライドの切り替えは自動にするのか手動でするのかなどを検討します。

●発表者用のメモを作成する

スライドショーの実行中に発表者用のメモとして利用したり、配布資料として利用する「ノート」を入力します。

●スライド切り替えのタイミングを設定する

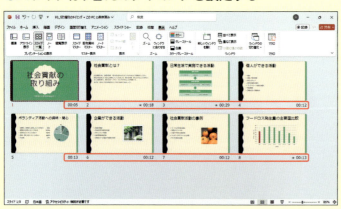

リハーサル機能を利用して、スライドの切り替えのタイミングやアニメーションの再生のタイミングを設定します。

▶ スライドショーを実行する

スライドショーを実行すると、スライドが1枚ずつ表示されます。
パソコンを利用してプレゼンテーションを行う場合、一般的にはプロジェクターや外部モニターを接続します。発表者ツールを利用すると、パソコンでスライドやノートを確認しながら、スライドショーを実行することができます。

●発表者ツールの利用

発表者ツールを利用すれば、パソコンでスライドやノートを確認しながら、スライドショーを実行することができます。

●スライドショーの実行

スライドの切り替えやアニメーションの再生のタイミングを設定している場合は、スライドショーを実行すると、自動的に進行します。手動でスライドを切り替えるには、スライドをクリックします。

●スライドへの書き込み

スライドショーの実行中にペンを利用すると、スライドに線を引いたり、文字を書き込んだりすることができます。

9 プレゼンテーションを実行しよう

261

Section 92 発表者用のメモをノートに入力しよう

ここで学ぶこと
・ノート
・ノートウィンドウ
・ノート表示モード

スライドショーの実行中に使用する**発表者用のメモ**は、**ノート**として**ノートペイン**に入力します。ノートは、スライドショーの実行中に発表者にだけ表示したり、スライドとセットで印刷したりすることができます。

練習▶92_ノートの入力

1 ノートペインを表示してノートを入力する

重要用語

ノート

PowerPointの「ノート」とは、スライドショーの実行中に発言者が利用するメモのことです。どのスライドで、何を説明するか、などのメモをノートとして用意しておくことができます。ノートは、印刷して配布資料として利用することもできます。

解説

ノートペインを表示する

ノートを入力するスペースを「ノートペイン」といいます。ノートペインを表示するには、標準表示モードで[表示]タブの[表示]グループの[ノート]をクリックする、ウィンドウ右下の[ノート]をクリックする、ステータスバーの境界線にマウスポインターを合わせて上にドラッグする方法があります。

1 [表示]タブをクリックして、

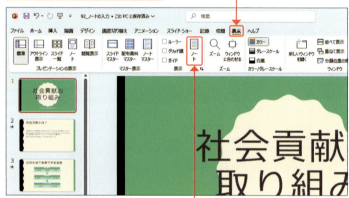

2 [表示]グループの[ノート]をクリックすると、

3 ノートペインが表示されます。

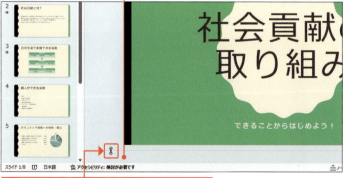

4 境界線にマウスポインターを合わせて、

解説

ノートを入力する

ノートは各スライドのノートペインに入力します。また、画面をノート表示モードに切り替えて(264ページ参照)、入力することもできます。

5 上にドラッグすると、ノートペインの領域が広がります。

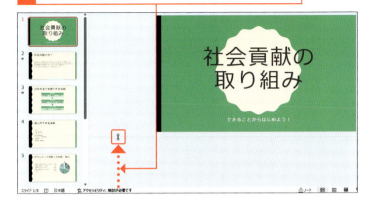

6 ノートペインをクリックすると、カーソルが配置されるので、

7 メモを入力します。

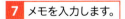 **補足**

ノートペインを非表示にする

メモの入力を終えたら、ノートペインを非表示にします。非表示にするには、[表示]タブの[表示]グループの[ノート]をクリックする、ウィンドウ右下の[ノート]をクリックする、ノートペイン上部の境界線をステータスバーまでドラッグする方法があります。

❷ ノート表示モードでノートを入力する

💬 解説

ノート表示モードを利用する

画面をノート表示モードに切り替えると、上側にスライドが、下側にノートが表示されます。ノートの部分をクリックすると、ノートの入力や編集を行うことができます。

1 [表示]タブをクリックして、

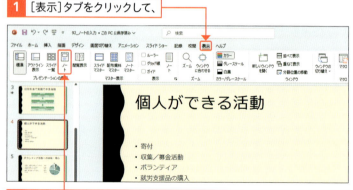

2 [プレゼンテーションの表示]グループの[ノート]をクリックすると、

3 ノート表示モードに切り替わります。

4 クリックしてノートを入力します。

✏️ 補足

標準表示モードに切り替える

ノートの入力を終えたら、通常の標準表示モードに切り替えます。
標準表示モードに戻すには、[表示]タブの[標準]、または画面右下の[標準] をクリックします。

応用技 ノートに書式を設定する

ノートに入力した文字は、フォントや文字サイズ、文字色などを変更したり、段落記号や段落番号などを設定したりすることができます。

ノート表示モードに切り替えて、[ホーム]タブの[フォント]や[段落]グループのコマンドを利用し、スライドの文字と同様の方法で書式を設定します。

ここでは、段落番号を設定してみましょう。

1 [表示]タブをクリックして、

2 [プレゼンテーションの表示]グループの[ノート]をクリックします。

3 ノートに入力した文字列を選択して、

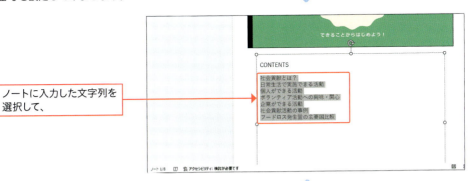

4 [ホーム]タブの[段落番号]のここをクリックし、

5 目的の段落番号をクリックすると、

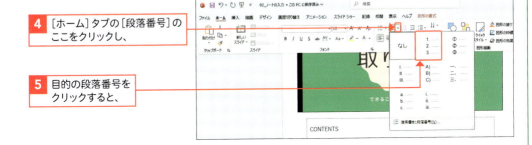

6 段落番号が設定されます。

Section 93 スライド切り替えのタイミングを設定しよう

ここで学ぶこと
・リハーサル
・タイミングの設定
・表示時間

スライドショーを実行する際に、**自動的にアニメーションを再生**したり、**スライドを切り替え**たりしたい場合は、**リハーサル機能**を利用して、切り替えのタイミングを設定します。

練習▶93_切り替えのタイミング

1 リハーサルを行って切り替えのタイミングを設定する

解説
リハーサル機能を利用する

リハーサル機能を利用すると、実際にスライドの画面を見ながら、スライドごとにアニメーションを再生するタイミングやスライドを切り替えるタイミングを設定することができます。

補足
タイミングを設定する

リハーサルを行う際には、本番と同じように説明を加えながら、スライドをクリックするか、画面左上のツールバーの[次へ]をクリックして、アニメーションを再生したり、スライドを切り替えたりします。
最後のスライドが表示し終わったあとに、切り替えのタイミングを保存すると、各スライドの表示時間が設定されます。

1 [スライドショー]タブをクリックして、

2 [リハーサル]をクリックすると、

3 スライドショーのリハーサルが開始されます。

4 本番と同じように説明を行い、次のスライドを表示するタイミングでスライドをクリックします。

解説

アニメーションを再生する

オブジェクトにアニメーションの再生のタイミングを設定していない場合は、スライドをクリックするたびにアニメーションが再生されます。表示されているスライド上に設定されているアニメーションがすべて再生されてから、さらにクリックすると、次のスライドに切り替わります。

ヒント

リハーサルを一時停止する

[記録中]ツールバー(下の「補足」参照)の[記録の一時停止]をクリックすると、経過時間のカウントが一時停止します。[記録の再開]をクリックすると、カウントが再開します。

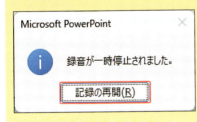

5 アニメーションが再生されたり、スライドが切り替わったりします。

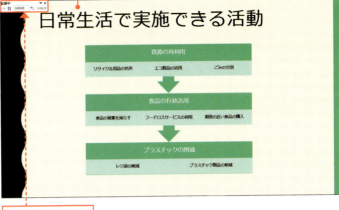

下の「補足」参照

6 同様にスライドをクリックして、最後のスライドの表示が終わるまで、同じ操作を繰り返します。

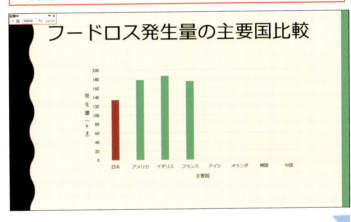

補足 [記録中]ツールバーの使い方

リハーサル中の画面左上には、[記録中]ツールバーが表示されます。
各機能は右図のとおりです。

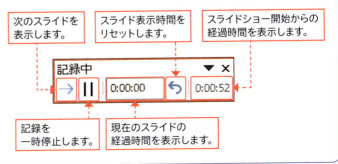

リハーサルを中止する

リハーサルを中止するには、Escを押します。手順7のメッセージが表示されるので、[いいえ]をクリックします。

7 最後のスライドのタイミングを設定すると、確認のメッセージが表示されるので、

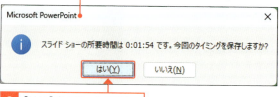

8 [はい]をクリックすると、

9 アニメーションの再生とスライドの切り替えのタイミングが保存されます。

10 [表示]タブをクリックして、

11 [スライド一覧]をクリックすると、

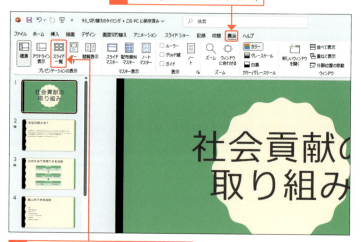

スライド一覧表示モードの表示

スライド一覧表示モードは、ウィンドウ右下の[スライド一覧]をクリックしても表示させることができます。

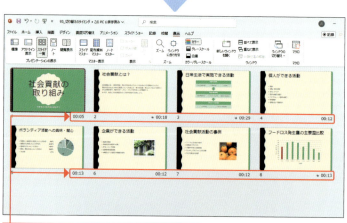

12 各スライドの表示時間を確認できます。

② スライドの表示時間を入力してタイミングを設定する

解説

スライドの表示時間を数値で指定する

スライドの表示時間を数値で指定する場合は、[画面切り替え]タブの[自動]をオンにして、ボックスにスライドの表示時間を入力します。

1 目的のスライドをクリックして、

2 [画面切り替え]タブをクリックします。

3 [自動]をクリックしてオンにし、

4 スライドの表示時間を入力します。

5 同様に、すべてのスライドの表示時間を設定します。

6 スライド一覧表示モードに切り替えると(268ページ参照)、

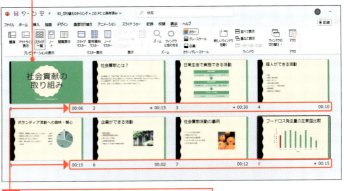

7 各スライドの表示時間を確認できます。

ヒント

アニメーションの再生のタイミング

アニメーションの再生のタイミングを、「スライドが切り替わってから○秒後」、「前のアニメーションが再生されてから○秒後」のように数値で指定する場合は、[アニメーション]タブの[タイミング]を利用します(238ページ参照)。

Section 94 発表者ツールを使ってプレゼンテーションを実行しよう

ここで学ぶこと
・発表者ツール
・スライドショー
・スライドショーの実行

作成したスライドを1枚ずつ表示していくことを**スライドショー**といいます。**発表者ツール**を利用すれば、発表者はスライドやノートなどをパソコンで確認しながら、プレゼンテーションを実行することができます。

練習▶94_発表者ツールの利用

1 発表者ツールを使用する

重要用語

発表者ツール

「発表者ツール」とは、スライドショーを実行するときに、パソコンに発表者用の画面を表示させる機能のことです。スライドやノート、スライドショーを進行させるための各コマンドが表示されます。発表者ツールを利用しない場合は、[発表者ツールを使用する]をオフにします。

1 パソコンとプロジェクターや外部モニターを接続します。

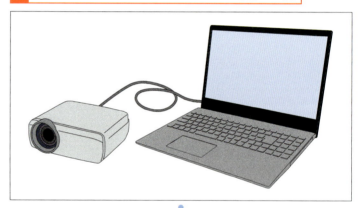

2 [スライドショー]タブをクリックして、

3 [発表者ツールを使用する]をクリックしてオンにします。

② スライドショーを実行する

解説
スライドショーを実行する

スライドショーを最初から実行するには、[スライドショー]タブの[最初から]をクリックするほか、いくつかの方法があります（下の「補足」参照）。
また、表示しているスライドから開始したい場合は、[スライドショー]タブの[現在のスライドから]をクリックします。

補足
スライドショーの設定

あらかじめ設定しておいたスライドの切り替えのタイミング（266ページ参照）を使用してスライドショーを実行する場合は、[スライドショー]タブの[タイミングを使用]をオンにします。

ヒント
プロジェクターに発表者ツールが表示される

プロジェクターから発表者ツールの画面が投影されてしまう場合は、発表者ツールの画面左上の[表示設定]をクリックして、[発表者ツールとスライドショーの切り替え]をクリックします。

1 [スライドショー]タブをクリックして、

2 [最初から]をクリックすると、

3 スライドショーが実行されます。

プロジェクターからスライドショーが投影されます。

パソコンには発表者ツールが表示されます。

左の「ヒント」参照

補足　スライドショーの実行

スライドショーを最初から開始する方法には、上の手順のほか、クイックアクセスツールバーの[先頭から開始]をクリックするか、F5 を押します。
また、ウィンドウ右下の[スライドショー]をクリックすると、現在表示されているスライドからスライドショーを開始できます。

スライドショー

Section 95 プレゼンテーションを進行しよう

ここで学ぶこと
・スライドショーの進行
・発表者ツール
・一時停止

リハーサル機能などでアニメーションの再生やスライドの切り替えのタイミングを設定している場合は、スライドショーを実行すると、**自動的に進行します**。**手動でスライドを切り替える**には、スライド上をクリックします。

練習▶95_スライドショーの進行

1 スライドショーを進行する

解説
スライドショーを進行する

アニメーションの再生やスライドの切り替えのタイミングを設定している場合は（266ページ参照）、指定した時間で自動的にアニメーションの再生や、スライドの切り替えが実行されます。タイミングを設定していない場合は、スライドをクリックすると、スライドショーが進行します。

ヒント
一時停止する

スライドショーを一時停止するには、発表者ツールの ◉ をクリックして［一時停止］をクリックします。◉ をクリックして［再開］をクリックすると、スライドショーが再開されます。

1 発表者ツールを利用して、スライドショーを開始します（270ページ参照）。

発表者ツール

スライドショー

2 タイミングを設定していない場合は、スライド上をクリックするか、Space または Enter を押すと、

3 スライドショーが進行します。

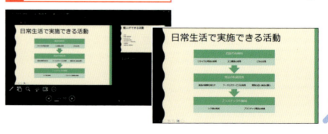

スライドショーを終了する

スライドショーを終了するには、発表者ツールの[スライドショーの終了]（下の「解説」参照）をクリックするか、Escを押します。

4 スライドショーが終わると、黒い画面が表示されます。

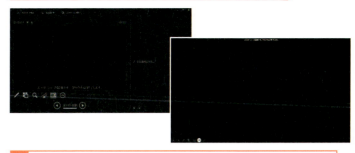

5 スライド上をクリックするかEscを押して、編集画面に戻ります。

 発表者ツールを利用する

発表者ツールでは、コマンドをクリックしてアニメーションの再生やスライドの切り替え、スライドショーの中断、再開、中止などを行うことができます。また、ペンでスライドに書き込むこともできます。

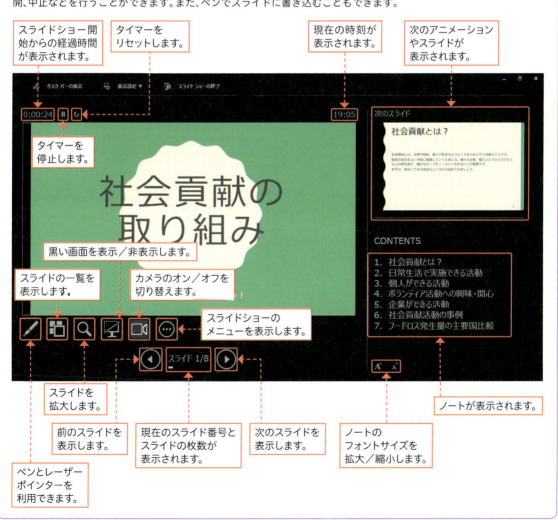

95 プレゼンテーションを進行しよう

9 プレゼンテーションを実行しよう

273

Section 96 実行中にペンで書き込みをしよう

ここで学ぶこと
・ペン
・インクの色
・書き込み

スライドショーの実行中に**ペンを利用**すると、スライドに**線を引いたり、文字を書き込んだり**することができます。ペンには、通常のペンと蛍光ペンがあり、**インクの色**を選択することもできます。

練習▶96_スライドに書き込み

1 スライドにペンで書き込む

解説
ペンを選択する

ペンを使用する際は、ペンの種類を［ペン］または［蛍光ペン］から選択します。なお、レーザーポインターについては、281ページを参照してください。

1 発表者ツールを利用してスライドショーを開始します。

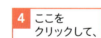

2 ここをクリックして、
3 ペンの種類（ここでは［蛍光ペン］）をクリックします。

4 ここをクリックして、
5 ［インクの色］にマウスポインターを合わせ、

ヒント

インクの色を変更する

インクの色は初期設定では、ペンは赤、蛍光ペンは黄色に設定されています。変更したいときは、手順4～6の操作で色を選択します。

6 目的の色（ここでは［オレンジ］）をクリックします。

書き込みを解除する

書き込みを終了して、マウスポインターをもとの形に戻すには、Esc を押します。

書き込みを削除する

スライドショーの実行中に書き込みを削除するには、発表者ツールの✐をクリックして、[消しゴム]をクリックし、書き込みをクリックまたはドラッグします。また、[スライド上のインクをすべて消去]をクリックすると、すべての書き込みが削除されます。

解説

書き込みを保持する

スライドにペンで書き込みを行うと、スライドショーを終了する際に手順 9 のメッセージが表示されます。[保持]をクリックすると、次回以降スライドショーを実行する際にも書き込みが表示されます。書き込みを破棄する場合は、[破棄]をクリックします。

なお、保持した書き込みはあとから削除することもできます。編集画面を表示すると、書き込みはオブジェクトとして表示されるので、書き込みをクリックして Delete を押します。

7 ドラッグすると、スライドに書き込むことができます。

8 スライドショーの最後の画面でクリックし、終了しようとすると、

9 確認のメッセージが表示されます。

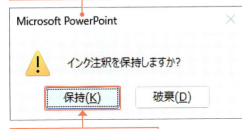

10 [保持]をクリックすると、

11 書き込みが保持されます。

Section 97 プレゼンテーション実行時の機能を活用しよう

ここで学ぶこと
- 発表中の録音
- 拡大表示
- 非表示スライド

ここでは、スライドショーの発表中に**音声（ナレーション）を録音**する、**スライドの一部を拡大表示**する、**特定のスライドに切り替える**、**スライドショーを自動的に繰り返す**など、スライドショー実行時に便利な機能を紹介します。

📁 練習▶97_実行時の機能

1 発表中の音声を録音する

解説

音声（ナレーション）の録音

発表中の音声（ナレーション）を録音したい場合は、プレゼンテーションを録画するときと同じ方法で録音できます。手順 5 以降の操作方法については、303ページを参照してください。

1 [記録]タブをクリックして、

2 [先頭から]をクリックします。

3 記録用の画面が表示されるので、[カメラを無効にする]をクリックして、カメラを無効にします。

4 [記録を開始]をクリックすると、

5 3秒のカウント後に録音が開始されるので、ナレーションを吹き込みます。

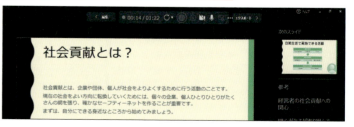

② スライドの一部を拡大表示する

🗨 解説

スライドを拡大表示する

スライドを拡大表示するには、発表者ツールの🔍 をクリックします。マウスポインターの形が⊕ に変わるので、スライド上の拡大したい部分をクリックすると、拡大表示されます。拡大表示すると、マウスポインターの形が✋ に変わるので、ドラッグしてスライドを移動できます。🔍 を再度クリックするか、スライドを右クリックすると、表示がもとに戻ります。

1 発表者ツールを利用してスライドショーを開始します。

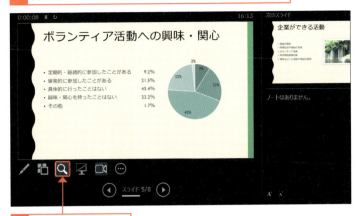

2 ここをクリックして、

3 拡大したい部分をクリックすると、

4 クリックした部分のスライドが拡大して表示されます。

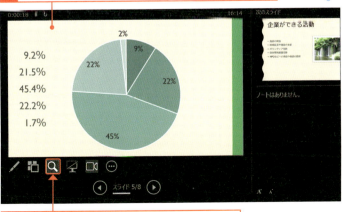

5 ここをクリックすると、もとの表示に戻ります。

💡 ヒント

スライドショー表示の場合

スライドショー表示でスライドを拡大表示する場合は、画面左下の をクリックすると、マウスポインターの形が⊕ に変わります。操作は、右の手順と同様です。

③ 特定のスライドに表示を切り替える

解説

スライドの一覧を表示する

発表者ツールの ▣ をクリックすると、スライドの一覧が表示されます。表示したいスライドをクリックすると、そのスライドに切り替わります。

1 発表者ツールを利用してスライドショーを開始します。

2 ここをクリックすると、

3 スライドの一覧が表示されます。

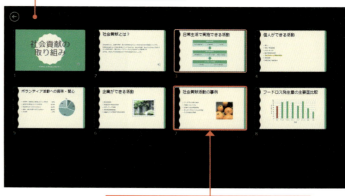

4 表示したいスライドをクリックすると、

5 クリックしたスライドに切り替わります。

ヒント

スライドショー表示の場合

スライドショー表示で、目的のスライドを表示する場合は、画面左下の ◉ をクリックします。スライドの一覧が表示されるので、表示したいスライドをクリックすると、そのスライドに切り替わります。

4 スライドショーを自動的に繰り返す

自動的に繰り返す

スライドショーを自動的に繰り返すには、右の手順で操作します。
自動的に繰り返す設定にしておくと、展示会場などで、スライドショーを見るだけ、あるいは見ながらナレーションを聞くだけなど、発言者や操作する人がいない場合でもスライドショーを再生しておけるので便利です。

タイミングを設定しておく

スライドショーが自動的に繰り返されるように設定する場合は、アニメーションの再生やスライドの切り替えのタイミングをあらかじめ設定しておきます（266ページ参照）。

スライドショーを停止する

繰り返し再生されているスライドショーを停止するには、[Esc]を押します。

---

1 [スライドショー]タブをクリックして、

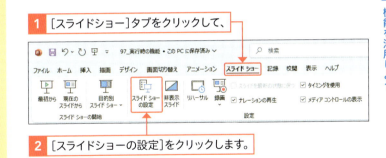

2 [スライドショーの設定]をクリックします。

3 [発表者として使用する（フルスクリーン表示）]をクリックして、

4 [保存済みのタイミング]をクリックし、

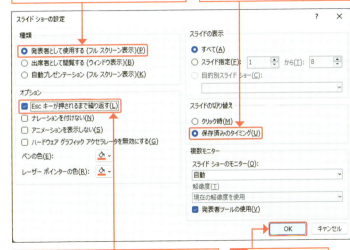

5 [Escキーが押されるまで繰り返す]をクリックしてオンにし、

6 [OK]をクリックします。

補足　スライドショーのヘルプを表示する

発表者ツールまたはスライドショー表示で ■ をクリックして、[ヘルプ]をクリックすると、[スライドショーのヘルプ]ダイアログボックスが表示されます。スライドショー実行時やリハーサル時などに利用できるショートカットキーを確認することができます。

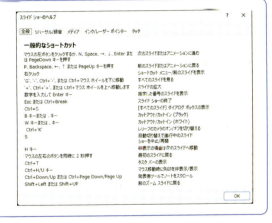

⑤ 必要なスライドだけを使ってスライドショーを実行する

💬 解説

非表示スライドを設定する

プレゼンテーションの特定のスライドを、一時的にスライドショーで表示したくない場合は、非表示スライドに設定します。スライドを削除しなくてもよいので、必要になったらかんたんにもとに戻すことができます。

1 スライドショーで表示したくないスライドをクリックして選択します。

2 ［スライドショー］タブをクリックして、

3 ［非表示スライド］をクリックすると、

4 非表示スライドに設定されます。

非表示スライドには、スライド番号に斜線が引かれます。

💡 ヒント

非表示スライドを解除する

非表示スライドに設定したスライドをもとに戻すには、サムネイルウィンドウで目的のスライドをクリックし、［スライドショー］タブの［スライドの表示］をクリックします。

応用技 レーザーポインター機能を利用する

PowerPointのレーザーポインター機能を利用すると、スライドショーの実行中にスライドの強調したい部分を示すことができます。

レーザーポインターの色は、初期設定では赤色に設定されていますが、[スライドショー]タブの[スライドショーの設定]をクリックすると表示される[スライドショーの設定]ダイアログボックスで変更することができます。

マウスポインターをレーザーポインターに切り替えるには、手順5〜7の操作を行うか、Ctrlを押しながらスライド上をクリックします。

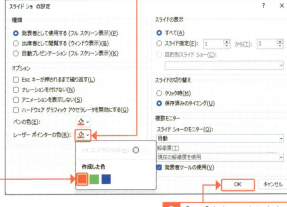

1 [レーザーポインターの色]のここをクリックして、
2 目的の色をクリックし、
3 [OK]をクリックします。

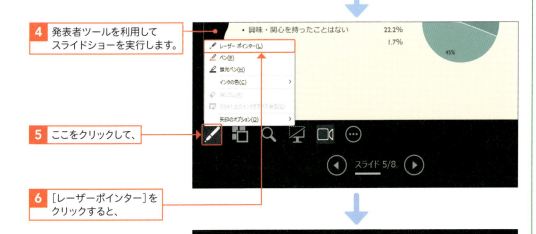

4 発表者ツールを利用してスライドショーを実行します。
5 ここをクリックして、
6 [レーザーポインター]をクリックすると、

7 レーザーポインターが表示されます。
8 Escを押すと、通常のマウスポインター表示に戻ります。

Section 98 プレゼンテーション実行中のトラブルを解決しよう

ここで学ぶこと
・モニターの選択
・アンインストール
・自動修復

ここでは、プロジェクターからスライドショーが表示されない、アニメーションが再生されない、プレゼンテーションファイルが開かないなど、PowerPointのいくつかのトラブルの解決方法を解説します。

練習▶ファイルなし

1 スライドショーが表示されない

解説

スライドショーを表示するモニターを選択する

プロジェクターにスライドショーが表示されない場合は、パソコンとプロジェクターの接続を確認してから、[スライドショー]タブの[モニター]でモニターを指定します。

1 [スライドショー]タブをクリックして、

2 [モニター]のここをクリックし、

3 スライドショーを表示するモニターをクリックします。

2 アニメーションが再生されない

解説

アニメーションを表示する

オブジェクトにアニメーション効果を設定していても、アニメーションが再生されない場合は、アニメーションを表示しない設定になっていることが考えられます。右の手順で[アニメーションを表示しない]をオフにします。

1 [スライドショー]タブの[スライドショーの設定]をクリックして、[スライドショーの設定]ダイアログボックスを表示します。

2 [アニメーションを表示しない]をクリックしてオフにし、

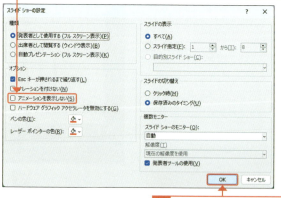

3 [OK]をクリックします。

③ PowerPointの動作がおかしい

解説

パソコンを再起動する

PowerPointのファイルが開けないなど、動作がおかしいときは、アプリやパソコンを再起動すると、問題が解決することがあります。

補足

アカウント画面の表示

画面のサイズが大きい場合は、手順1の[その他]は表示されません。直接[アカウント]をクリックします。

解説

PowerPointを更新する

PowerPointを更新（アップデート）すると、最適に動作することがあります。
なお、通常は更新プログラムが自動的にインストールされるように設定されています。設定されていない場合は、手順4で[更新を有効にする]をクリックして、更新を有効にしましょう。

▶ パソコンを再起動する

1 [スタート]をクリックして、
2 [電源]アイコンをクリックし、
3 [再起動]をクリックします。

▶ PowerPointを最新の状態に更新する

1 [ファイル]タブの[その他]をクリックして（左の「補足」参照）、

2 [アカウント]をクリックします。

3 [更新オプション]をクリックして、

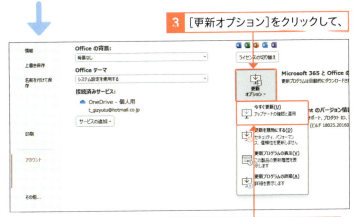

4 [今すぐ更新]をクリックします。

④ PowerPointが起動しなくなった

💬 解説

プログラムを修復する

PowerPointが起動しない場合は、右の手順でプログラムを修復します。修復を実行すると、問題が解決する場合があります。

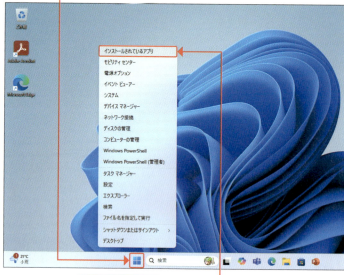

1 [スタート]を右クリックして、
2 [インストールされているアプリ]をクリックします。

3 [Microsoft Office Home and Business 2024-ja-jp]のここをクリックして、

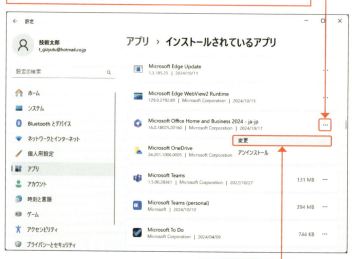

4 [変更]をクリックします。

💡 ヒント

インストールされているアプリを表示する

インストールされているアプリを表示するには、右の手順のほかに、[スタート]→[設定]→[アプリ]→[インストールされているアプリ]をクリックしても表示できます。

✏️ 補足

Officeプログラムの名称

インストールしているOfficeプログラムの種類によって、手順3で表示される名称が異なります。

解説

修復方法を選択する

手順6では、[クイック修復]か[オンライン修復]のどちらかを選択します。[クイック修復]は、問題を検出して、破損したファイルを置き換えます。[オンライン修復]は、すべての問題を修正しますが、多少時間がかかります。

修復しても起動しない場合

Officeを修復しても起動しない場合は、Office製品をアンインストールしてから、もう一度インストールすることをおすすめします。

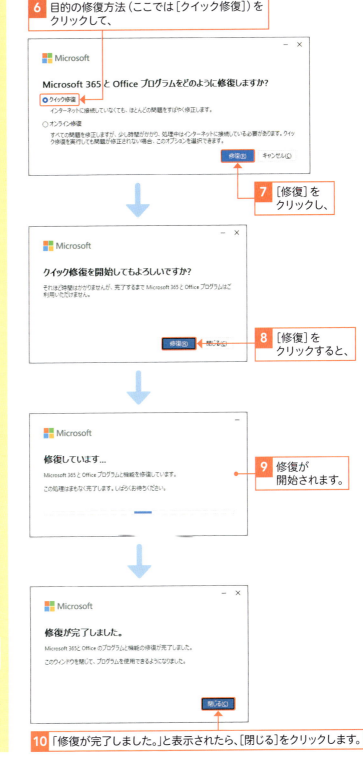

5 [ユーザーアカウント制御]画面が表示された場合は、[はい]をクリックします。

6 目的の修復方法(ここでは[クイック修復])をクリックして、

7 [修復]をクリックし、

8 [修復]をクリックすると、

9 修復が開始されます。

10 「修復が完了しました。」と表示されたら、[閉じる]をクリックします。

⑤ ファイルが開けなくなった

解説

アプリケーションの自動修復を利用する

特定のプレゼンテーションのファイルを開いたり、アクセスしたりするのが難しい場合は、[ファイルを開く]ダイアログボックスから[アプリケーションの自動修復]をクリックします。PowerPointがファイルの問題や破損個所を見つけて自動で修復してくれます。

1 [ファイル]タブの[開く]をクリックして、

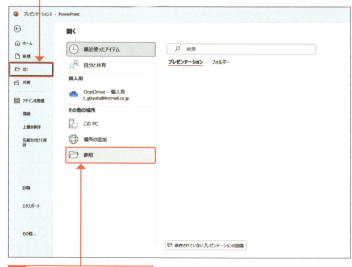

2 [参照]をクリックします。

3 ファイルの保存場所を指定して、

4 目的のファイルをクリックし、

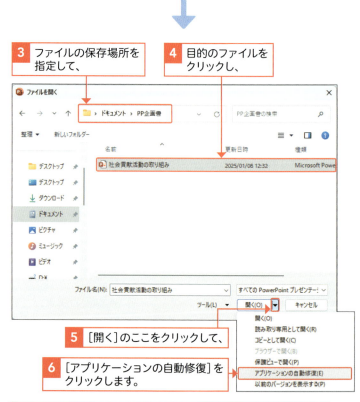

5 [開く]のここをクリックして、

6 [アプリケーションの自動修復]をクリックします。

7 ファイルが修復され、PowerPointでファイルが表示されます。

第10章

スライドやプレゼンテーションを共有しよう

Section 99　スライドを印刷しよう

Section 100　スライドとノートを一緒に印刷しよう

Section 101　スライドをPDF文書に変換しよう

Section 102　プレゼンテーションファイルをOneDriveで共有しよう

Section 103　プレゼンテーションを録画した動画を作ろう

この章で学ぶこと

スライドの印刷方法や共有方法を知ろう

スライドを印刷する

プレゼンテーションの参加者への資料として配布したり、発表用の原稿にしたり、スライドを印刷する機会は多くあります。印刷に関する設定は、[ファイル]タブの[印刷]で行います。印刷対象はスライドだけでなく、アウトラインやノートも指定でき、1枚の用紙に複数のスライドを配置して印刷することもできます。また、印刷範囲やモノクロ印刷などの設定も行うことができます。

フルページサイズのスライド

配布資料（3スライド）

アウトライン

ノート

スライドを配布／共有する

● PDFやムービーで配布する

PowerPointがインストールされていないデバイスでもスライドを表示できるようにするには、PDFやビデオとして保存して配布する方法があります。
PDFは、WebブラウザーやAdobe Acrobat Readerなどのアプリで表示できます。
ビデオは、動画再生アプリで表示したり、YouTubeにアップして公開したりすることができます。

PDFで配布すると、Webブラウザーなどで表示できます。

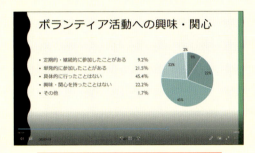

ビデオで配布すると、動画再生アプリで再生できます。

● OneDriveでほかのユーザーとプレゼンテーションファイルを共有する

オンラインストレージサービスの「OneDrive」を利用すると、プレゼンテーションファイルをほかのユーザーと共有できます。共有しているユーザーは、WebブラウザーまたはPowerPointで、プレゼンテーションファイルを表示／編集することができます。

共有ファイルへのリンクをメールで送信して、

プレゼンテーションファイルをほかのユーザーと共有できます。

Section 99 スライドを印刷しよう

ここで学ぶこと
・印刷
・印刷プレビュー
・配布資料

プレゼンテーションを行う際に、あらかじめ**スライドの内容を印刷**したものを資料として参加者に配布しておくと、内容を理解しやすくなります。**1枚の用紙にスライドを1枚ずつ配置**したり、複数の**スライドを配置**したりして印刷できます。

　練習▶99_スライドの印刷

1 スライドを1枚ずつ印刷する

解説

印刷対象を選択する

プレゼンテーションを印刷するには、印刷する対象、印刷範囲、部数など指定します。手順 5 では、印刷する対象を以下の4種類から選択することができます。

- **フルページサイズのスライド**
  スライドショーと同じ画面を印刷します。
- **ノート**
  ノートを付けて印刷します（294ページ参照）。
- **アウトライン**
  スライドのアウトラインを印刷します。
- **配布資料**
  1枚の用紙に複数のスライドを配置して印刷します（293ページ参照）。

ヒント

スライドに枠線を付けて印刷する

手順 5 の画面で［スライドに枠を付けて印刷する］をクリックしてオンにすると、スライドの周囲に枠線を付けて印刷することができます。

1　印刷するプレゼンテーションを開きます。

2　［ファイル］タブをクリックして、

3　［印刷］をクリックし、

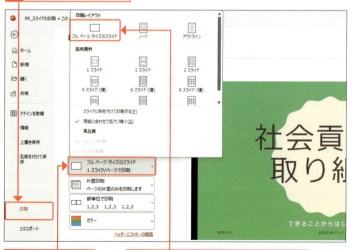

4　ここをクリックして、

5　［フルページサイズのスライド］をクリックします。

解説

印刷範囲を選択する

手順 7 では、印刷範囲を以下の4種類から選択することができます。

- **すべてのスライドを印刷**
  すべてのスライドを印刷します。
- **選択した部分を印刷**
  サムネイルウィンドウやスライド一覧表示モードで選択しているスライドを印刷します。
- **現在のスライドを印刷**
  現在表示しているスライドを印刷します。
- **ユーザー設定の範囲**
  下の[スライド指定]のボックスに印刷するスライド番号を入力します。番号と番号の間は「,（カンマ）」で区切り、スライド番号が連続する範囲は、始まりと終わりの番号を「-（ハイフン）」でつなげます。たとえば「1-3,5」と入力した場合、1、2、3、5番目のスライドが印刷されます。

6 ここをクリックして、

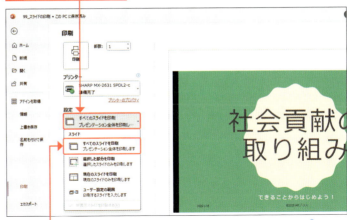

7 目的の印刷範囲をクリックし（左の「解説」参照）、

8 印刷プレビューで印刷イメージを確認します（下の「補足」参照）。

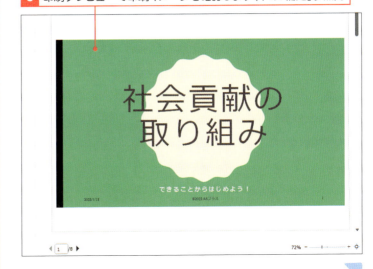

補足

印刷プレビューを利用する

[印刷]画面の右側には、印刷プレビューが表示され、スライドを印刷したときのイメージを確認することができます。

ページ全体が表示されるように拡大／縮小されます。

スライダーをドラッグするか、−、＋をクリックすると、拡大／縮小されます。

前のスライドまたは次のスライドを表示します。

補足

プリンターの設定

プリンター名の下の［プリンターのプロパティ］をクリックすると、プリンターのプロパティ画面が表示されます。用紙のサイズや原稿の向き、印刷品質、給紙方法などを設定することができます。

スライドの編集画面に戻る

［印刷］画面から、スライドの編集画面に戻るには、画面左上の ⬅ をクリックします。

応用技

両面印刷する

スライド枚数が多い、参加者が多いなど、用紙が大量に必要な場合は、両面印刷を利用するとよいでしょう。両面印刷にするには、［片面印刷］をクリックして、用紙が縦置きの場合は［両面印刷 長辺を綴じます］、横置きの場合は［両面印刷 短辺を綴じます］をクリックします。

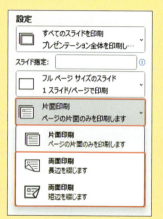

9 印刷部数を入力して、

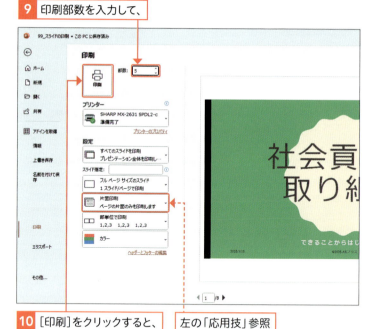

10 ［印刷］をクリックすると、　　左の「応用技」参照

11 印刷が実行されます。

② 1枚に複数のスライドを配置して印刷する

🗨 解説

配布資料を印刷する

複数のスライドを1枚の用紙に配置して、配布用の資料を作成するには、手順③で[配布資料]グループから、1枚の用紙に印刷したいスライドの枚数を指定します。1枚の用紙に印刷できる最大のスライド枚数は9枚です。
なお、[3スライド]を選択した場合のみ、スライドの横にメモ用の罫線が表示されます。

1 [ファイル]タブの[印刷]をクリックして、　　左の「ヒント」参照

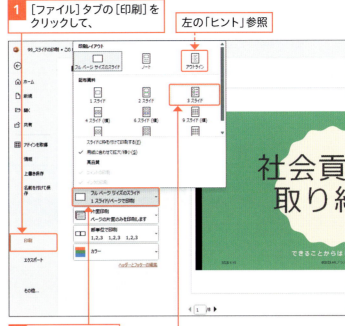

2 ここをクリックし、

3 1枚の用紙に印刷したいスライドの枚数(ここでは[3スライド])をクリックします。

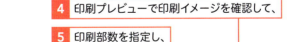

4 印刷プレビューで印刷イメージを確認して、

5 印刷部数を指定し、

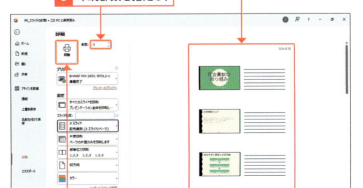

6 [印刷]をクリックすると、印刷が実行されます。

💡 ヒント

スライドのアウトラインを印刷する

プレゼンテーション全体のテキストだけを印刷したい場合は、手順③で[印刷レイアウト]グループの[アウトライン]をクリックして印刷します。テキストを重点的に把握したいときに利用するとよいでしょう。

Section 100 スライドとノートを一緒に印刷しよう

ここで学ぶこと
・ノートの印刷
・ヘッダーとフッター
・モノクロ印刷

発表者用のメモである**ノートは、スライドと一緒に印刷する**ことができます。また、[ヘッダーとフッター]ダイアログボックスの[ノートと配布資料]を利用して、**日付やページ番号**、**ヘッダー**、**フッターを挿入**することもできます。

練習▶100_ノートの印刷

1 ノートを印刷する

解説

ノートの印刷

ノートを印刷するには、手順3で[ノート]をクリックします。用紙の上部にスライド、下部にノートが配置されて印刷されます。

ヒント

モノクロで印刷する

スライドをモノクロで印刷するには、手順4の画面で[グレースケール]または[単純白黒]を選択します。

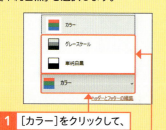

1 [カラー]をクリックして、

2 [グレースケール]または[単純白黒]をクリックします。

1 [ファイル]タブの[印刷]をクリックします。

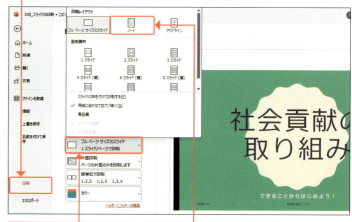

2 ここをクリックして、

3 [ノート]をクリックし、

4 [ヘッダーとフッターの編集]をクリックします。

解説

日付と時刻を設定する

[ノートと配布資料]で[自動更新]をオンにすると、プレゼンテーションを開いた日付と時刻が自動的に表示されます。任意の日付や時刻を入力する場合は、[固定]をオンにして、日付や時刻を入力します。

応用技

ノートマスターでノートのレイアウトを編集する

配布資料のノートの印刷レイアウトを編集するには、ノートマスターを利用します。ノートのフォントサイズやヘッダー／フッターの位置、書式などを変更できます。ノートマスターは、[表示]タブの[ノートマスター]をクリックすると表示されます。

5 [ノートと配布資料]をクリックして、

6 日付やページ番号など、ヘッダーとフッターに表示する項目を設定し、

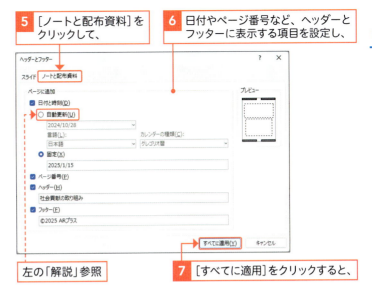

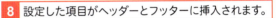

左の「解説」参照

7 [すべてに適用]をクリックすると、

8 設定した項目がヘッダーとフッターに挿入されます。

9 印刷部数を入力して、

10 [印刷]をクリックすると、印刷が実行されます。

Section 101 スライドをPDF文書に変換しよう

ここで学ぶこと
・PDF
・エクスポート
・発行

プレゼンテーションをPDF形式で保存すると、スライドのレイアウトや書式、画像などがそのまま維持されるので、パソコンやスマートフォンなどの環境に影響されずに、同じ見た目でプレゼンテーションを表示することができます。

練習 ▶ 101_PDFで保存

1 PDFで保存する

重要用語

PDF

「PDF（Portable Document Format）」は、アドビが開発したファイル形式です。環境の異なるパソコンでプレゼンテーションファイルを開くと、フォントが置き換わったり、レイアウトが崩れたりすることがありますが、PDF形式で保存すれば、パソコンやスマートフォンなどの環境に影響されることなく、そのままの状態で表示することができます。

ヒント

PDFファイルを表示する

PDFファイルを表示するには、Microsoft EdgeなどのWebブラウザーや、無料で配布されているアプリ「Adobe Acrobat Reader」などを利用します。

1 PDF形式で保存するプレゼンテーションを開きます。

2 ［ファイル］タブをクリックして、

3 ［エクスポート］をクリックし、

4 ［PDF／XPSドキュメントの作成］をクリックして、

5 ［PDF／XPSの作成］をクリックします。

解説

PDFの品質を設定する

手順9では、PDFの品質を設定することができます。PDFを印刷する必要があるときは［標準（オンライン発行および印刷）］を、メールで配付する場合など、できるだけファイルサイズを小さくしたいときは［最小サイズ（オンライン発行）］を指定します。

補足

オプションの設定

［PDFまたはXPS形式で発行］ダイアログボックスで［オプション］をクリックすると、［オプション］ダイアログボックスが表示されます。PDFに変換するスライド範囲や、コメントの有無などの設定を行うことができます。

6 保存場所を指定して、

7 ファイル名を入力し、

8 ［発行後にファイルを開く］をクリックしてオンにします。

左の「補足」参照

9 目的の品質を指定して（左の「解説」参照）、

10 ［発行］をクリックすると、

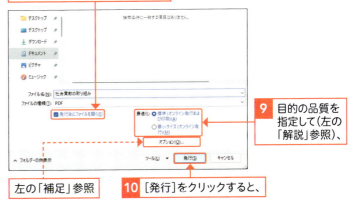

11 PDFが作成され、表示されます。

Section 102 プレゼンテーションファイルをOneDriveで共有しよう

ここで学ぶこと
・OneDrive
・ファイルの共有
・リンクの送信

マイクロソフトが提供しているオンラインストレージサービス**OneDrive**を利用すると、プレゼンテーションファイルを**インターネット上に保存**して、**複数のユーザーと共有**し、閲覧や編集を行うことができます。

練習▶102_OneDriveの利用

1 OneDriveにプレゼンテーションファイルを保存する

重要用語

共有

「共有」とは、インターネット上に保存しているファイルを、ほかの人と共同で編集できるように設定することをいいます。PowerPointでファイルを共有するには、マイクロソフトが提供するオンラインストレージサービスのOneDriveにファイルを保存しておく必要があります。

1 OneDriveに保存するプレゼンテーションを開きます。

2 [ファイル]タブをクリックして、

解説

OneDriveにファイルを保存する

Microsoftアカウントでサインインしていると、PowerPointからOneDriveに直接ファイルを保存することができます。保存したファイルは、Webブラウザーを経由して閲覧や編集ができるので、ほかのパソコンやスマートフォンからアクセスすることも可能です。また、複数のユーザーと共有することもできます。

3 [名前を付けて保存]をクリックし、

4 [OneDrive-個人用]をクリックして、

5 [OneDrive-個人用]をクリックします。

6 保存先を指定して、

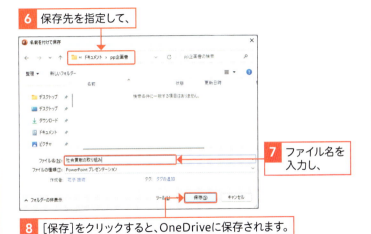

7 ファイル名を入力し、

8 [保存]をクリックすると、OneDriveに保存されます。

② ファイルの共有を設定する

 解説

共有を設定する

OneDriveに保存したファイルは、ほかの人（ユーザー）と共有することができます。共有するには、ユーザーを指定して、ファイルのリンクを送信します。ファイルを共有すると、相手がファイルを見たり、編集を加えたりすることができます。

1 OneDriveに保存したプレゼンテーションを開きます。

2 [共有]をクリックして、

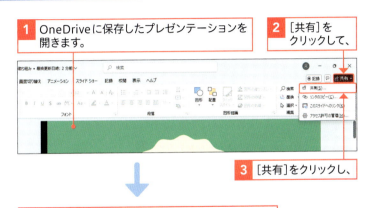

3 [共有]をクリックし、

4 共有するユーザーのメールアドレスを入力します。

5 ここをクリックして、

6 アクセス権限を設定します（左の「補足」参照）。

補足

アクセス権限を設定する

手順6では、アクセス権限を設定します。[編集可能]を指定すると共有する相手も編集が可能になります。[表示可能]を指定するとファイルの表示のみが可能になります。

補足

リンクを送信する

大人数と共有する場合は、リンク先のURLをメールで送信したり、Webページなどに記載したりするほうが便利です。[リンクの送信]画面で[コピー]をクリックするとURLがコピーされるので、メールやWebページに貼り付けます。

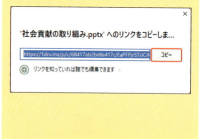

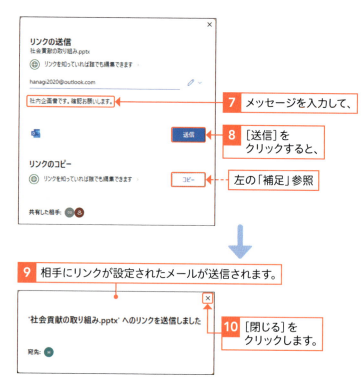

7 メッセージを入力して、

8 [送信]をクリックすると、

左の「補足」参照

9 相手にリンクが設定されたメールが送信されます。

10 [閉じる]をクリックします。

応用技　共有の設定を確認する／解除する

ファイルが共有されているかを確認したり、共有の設定を確認したりするには、[共有]をクリックして、[アクセス許可の管理]をクリックして表示される[アクセス許可を管理]画面で行います。個別のアクセス権限の変更なども、この画面で設定できます。
共有を解除するには、[アクセス許可を管理]画面の[リンク]をクリックし、[リンクの削除]🗑 をクリックします。

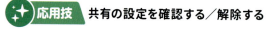

1 [共有]をクリックして、

2 [アクセス許可の管理]をクリックすると、

3 共有の設定を確認できます。

③ ほかの人から共有されたファイルを開く

解説

共有されたファイルを閲覧する

共有ファイルへの招待メールを受信したら、メールに記載されているファイルのリンクをクリックすると、Webブラウザーが起動して、PowerPoint Onlineで共有ファイルが表示されます。
また、アクセス権限が［編集可能］の場合は、編集することもできます。

1 メールソフトを起動して、

2 受信した招待メールをクリックします。

3 共有ファイルのリンクのいずれかをクリックすると、

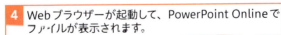

4 Webブラウザーが起動して、PowerPoint Onlineでファイルが表示されます。

重要用語

PowerPoint Online

「PowerPoint Online」は、インターネット上で利用できる無料のオンラインサービスです。使用できる機能は制限されますが、インターネットに接続できる環境があれば、どこからでもアクセスすることができます。

Section 103 プレゼンテーションを録画した動画を作ろう

ここで学ぶこと
- プレゼンテーションの記録
- ナレーションの録音
- ビデオのエクスポート

スライドショーを実行しながら、音声（ナレーション）も同時に録音して、ビデオファイルとして保存することができます。作成した動画は、動画再生アプリで再生したり、YouTubeにアップして公開したりすることができます。

練習▶103_社会貢献の取り組み

1 プレゼンテーションを記録する

解説

プレゼンテーションを記録する

プレゼンテーションの録画とナレーションを録音するには、右の手順のようにプレゼンテーションを記録して、ビデオファイルを作成します。なお、初期設定では、スライドの右下に自分の動画が挿入されます。自分の動画を入れたくない場合は、カメラを無効にします。

補足

録画をクリアする

すでに録画を行っていたり、スライドのタイミングを設定したりしている場合は、[記録] タブの [録画をクリア] をクリックして、[すべてのスライドのレコーディングをクリア] をクリックしてから録画を開始します。

1 録画するプレゼンテーションを開き、

2 [記録] タブをクリックして、

3 [先頭から] をクリックします。

4 記録用の画面が表示されるので、

5 [カメラを無効にする] をクリックして、カメラを無効にします。

6 [記録を開始] をクリックすると、

ビューを切り替える

画面右下の[ビュー]をクリックすると、画面の表示を以下のいずれかに切り替えることができます。

7 3秒のカウント後に録画と録音が開始されるので、ナレーションを吹き込みます。

8 ここをクリックするか、スライドをクリックして、

9 スライドを切り替え、同様にナレーションを吹き込みます。

10 すべてのスライドの録画が終了すると、この画面が表示されます。

11 [エクスポート]をクリックするか、スライドをクリックします。

記録を一時停止する

記録を一時的に停止したい場合は、⏸をクリックします。⏺をクリックすると、記録が再開されます。

続いて、ビデオをエクスポートします。304ページに続きます。

② ビデオをエクスポートする

保存先やファイル名などを変更する

保存先やファイル名、ファイル形式を変更する場合は、[参照]をクリックして、[ビデオのエクスポート]ダイアログボックスで設定します。ファイル形式は、「MPEG-4ビデオ」または「Windows Mediaビデオ」を指定できます。

1 ファイル名、ファイル形式、保存先を確認して、　　左の「ヒント」参照

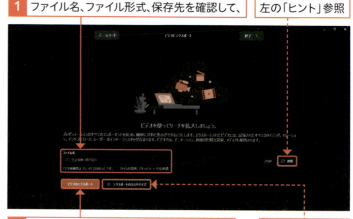

2 [ビデオのエクスポート]をクリックすると、　　左の「補足」参照

3 ビデオがエクスポートされます。

エクスポート中の進捗バーが表示されます。

ビデオの画質を変更する

ビデオの画質を変更する場合は、[エクスポートのカスタマイズ]をクリックして、設定します。画質は、以下の4種類から選択できます。

- Ultra HD (4K)
  最高画質でファイルサイズも最大になります（解像度は3840×2160）。
- フルHD (1080p)
  比較的高画質です（解像度は1920×1080）。
- HD (720p)
  中程度の画質です（解像度は1280×720）。
- 標準 (480p)
  もっとも低画質でファイルサイズが小さくなります（解像度は852×480）。

4 「ビデオが正常にエクスポートされました」と表示されたら、

305ページの「補足」参照　　5 [終了]をクリックします。

③ ビデオを再生する

補足

ビデオの表示と共有

ビデオを再生するには、右の手順で操作します。そのほか、304ページの手順5で[終了]をクリックするかわりに[ビデオの表示と共有]をクリックしても、ビデオが再生できます。

1 ビデオの保存場所を表示して、

2 保存されたビデオをダブルクリックすると、

3 動画再生アプリが起動して、ビデオが再生されます。

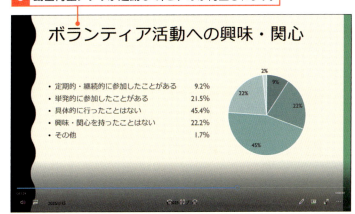

 ヒント **ほかのアプリでビデオを再生する**

Windows 11の場合は、初期設定で「映画&テレビ」アプリが起動し、ビデオが再生されます。利用するアプリを指定したい場合は、図の手順で操作します。

1 ファイルを右クリックして、

2 [プログラムから開く]から目的のアプリをクリックします。

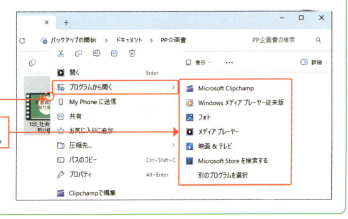

✨応用技　アニメーションGIFを作成する

「アニメーションGIF」は、静止画像を連続して表示させることで、動いているように見せる画像形式です。PowerPointでは、プレゼンテーションをアニメーションGIFとして保存することができます。アニメーションGIFとして保存すると、Windowsに搭載されている「フォト」アプリなどで再生できます。ファイルサイズも小さいので、メールなどに添付して共有することもできます。

1 アニメーションGIFとして保存するプレゼンテーションを開きます。

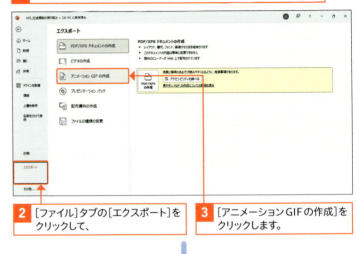

2 [ファイル]タブの[エクスポート]をクリックして、

3 [アニメーションGIFの作成]をクリックします。

4 ここをクリックして画像の品質を指定します。

5 各スライドの所要時間や使用するスライド番号などを必要に応じて設定し、

6 [GIFを作成]をクリックします。

7 保存場所を指定して、

8 ファイル名を入力し、

9 [保存]をクリックします。

付録

Appendix

Appendix 01 **Office画面をカスタマイズしよう**

Appendix 02 **リボンをカスタマイズしよう**

Appendix 03 **クイックアクセスツールバーをカスタマイズしよう**

Appendix 01 Office画面をカスタマイズしよう

ここで学ぶこと
・アカウント
・Officeの背景
・Officeテーマ

PowerPointのタイトルバーの色や画面全体の色は変更することができます。また、[ファイル]タブの画面右上の背景に模様を表示させることもできます。**アカウント**画面の[**Officeの背景**]と[**Officeテーマ**]で設定します。

① 画面の色やデザインを変更する

🗨 解説

Officeの背景／テーマ

PowerPointのタイトルバーや画面全体の色、[ファイル]タブ（Backstageビュー）の画面右上の背景デザインなどは変更できます。[アカウント]画面で設定します。この設定は、ほかのOfficeアプリにも適用されます。
なお、手順❶の[その他]は、画面のサイズによってはクリックする必要はありません。直接[アカウント]をクリックします。

✏ 補足

本書での設定

本書では、[Officeの背景]を[背景なし]、[Officeテーマ]を[システム設定を使用する]に設定しています。

1 [ファイル]タブの[その他]をクリックして、

2 [アカウント]をクリックします。

3 [Officeの背景]のここをクリックして、

4 目的の背景（ここでは[回路]）をクリックすると、

5 画面右上の背景デザインが変更されます。

補足

[ファイル]タブの背景デザイン

起動直後、あるいは[ファイル]タブをクリックして表示される画面右上の背景デザインは、[アカウント]画面の[Officeの背景]で変更できます。[カリグラフィ]や[ランチボックス]など、15種類が用意されています。

6 [Officeテーマ]のここをクリックして、

7 目的のテーマ(ここでは[カラフル])をクリックすると、

補足

タイトルバーや画面背景の色

タイトルバーや画面全体の背景の色は、[アカウント]画面の[Officeテーマ]で変更できます。[濃い灰色]や[黒]など、5種類が用意されています。

8 タイトルバーの色が変更されます。

[濃い灰色]の画面例

Appendix 02 リボンをカスタマイズしよう

ここで学ぶこと
- リボンのユーザー設定
- コマンドの追加
- 新しいグループ

リボンには既定のコマンドが用途別のグループに分かれて配置されていますが、**新しいグループやコマンドを追加**することができます。また、**新しいタブを追加**したり、**タブやグループ名を変更**したりすることもできます。

1 リボンにコマンドを追加する

解説

コマンドを追加する

ここでは、[ホーム]タブに新しいグループを追加し、そこに[印刷プレビューと印刷]コマンドを追加します。[リボンのユーザー設定]は、右の手順のほかに、[ファイル]タブの[その他](画面のサイズが大きい場合は不要)から[オプション]をクリックして、[リボンのユーザー設定]をクリックしても表示されます。

1 いずれかのタブを右クリックして、

2 [リボンのユーザー設定]をクリックします。

3 [メインタブ]を選択して、

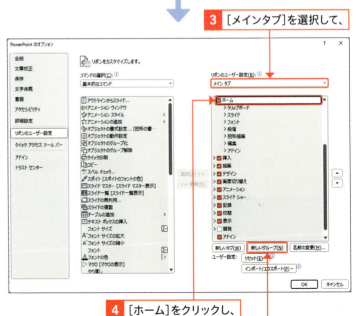

4 [ホーム]をクリックし、

5 [新しいグループ]をクリックすると、

応用技

新しいタブを追加する

リボンに新しいタブを追加するには、手順 4 で追加する場所の左側のタブをクリックして、手順 5 で[新しいタブ]をクリックします。

応用技

タブ名やグループ名を変更する

タブ名やグループ名を変更するには、目的のタブやグループをクリックして、[名前の変更]をクリックし、[名前の変更]ダイアログボックスで、新しい名前を入力します。

補足

リボンからコマンドを削除する

リボンに表示されているコマンドを削除するには、[リボンのユーザー設定]の右側の一覧で削除するコマンドをクリックし、[削除]をクリックします。

ヒント

リボンを初期設定に戻す

カスタマイズしたリボンを初期設定に戻すには、[リボンのユーザー設定]で[リセット]をクリックし、[選択したリボンタブのみをリセット]または[すべてのユーザー設定をリセット]をクリックして[はい]をクリックします。

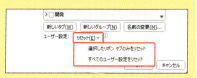

---

6 新しいグループが作成されます(左の「応用技」参照)。

7 [基本的なコマンド]を選択して、

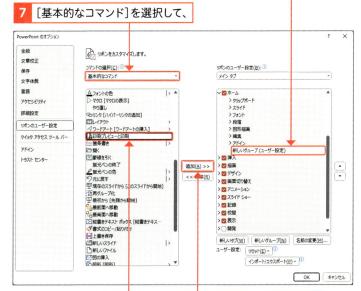

8 追加したいコマンド(ここでは[印刷プレビューと印刷])をクリックし、

9 [追加]をクリックすると、

10 コマンドが追加されます。

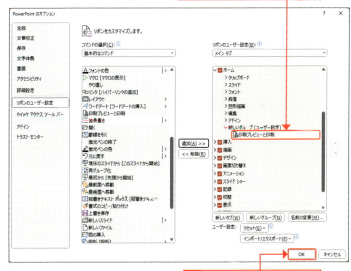

11 [OK]をクリックすると、

12 [ホーム]タブに新しいグループと[印刷プレビューと印刷]が表示されます。

311

Appendix 03 クイックアクセスツールバーをカスタマイズしよう

ここで学ぶこと
- クイックアクセスツールバー
- コマンドの追加
- コマンドの削除

クイックアクセスツールバーには、必要に応じてコマンドを追加することができます。頻繁に使うコマンドを登録しておくと、タブを切り替えることなく、必要な機能をすばやく呼び出すことができます。

① クイックアクセスツールバーにコマンドを追加する

重要用語
クイックアクセスツールバー

「クイックアクセスツールバー」は、頻繁に使用するコマンドを登録しておくことができる領域です。リボンと違って常に表示されているので、タブを切り替えることなく、必要な機能をすばやく呼び出すことができます。

解説
初期設定のコマンド

初期の状態では、クイックアクセスツールバーに以下の4つのコマンドが配置されています。また、PowerPointのバージョンやお使いの環境によっては、[自動保存]が配置されています。

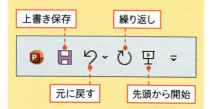
上書き保存 / 繰り返し / 元に戻す / 先頭から開始

1 [クイックアクセスツールバーのユーザー設定]をクリックして、

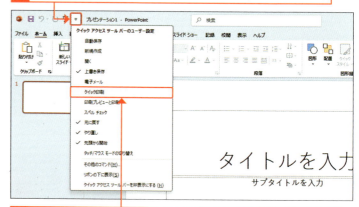

2 追加したいコマンド（ここでは[クイック印刷]）をクリックすると、

3 クイックアクセスツールバーに[クイック印刷]が登録されます。

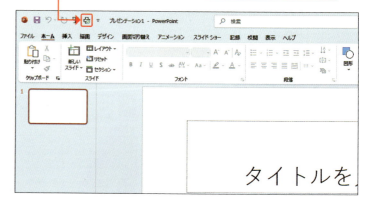

② メニューにないコマンドを追加する

🗨 解説
**クイックアクセスツールバーの
カスタマイズ**

[クイックアクセスツールバーのユーザー設定]のメニューにないコマンドを追加するには、右の手順で操作します。

⏰ 時短
リボンからコマンドを追加する

リボンに表示されているコマンドを直接追加することもできます。追加したいコマンドのアイコンを右クリックして、[クイックアクセスツールバーに追加]をクリックします。

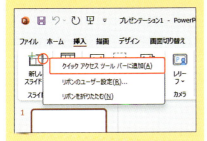

💡 ヒント
コマンドの選択

手順3では[基本的なコマンド]を選択していますが、追加したいコマンドがない場合は、[基本的なコマンド]をクリックして、[すべてのコマンド]を選択します。

---

1 [クイックアクセスツールバーのユーザー設定]をクリックして、

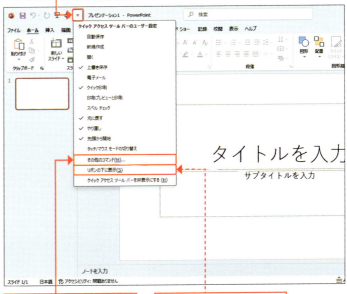

2 [その他のコマンド]をクリックします。　　314ページの「補足」参照

3 [基本的なコマンド]を選択して(左の「ヒント」参照)、

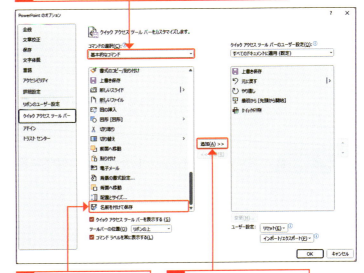

4 追加したいコマンド(ここでは[名前を付けて保存]をクリックし、

5 [追加]をクリックすると、

コマンドを複数追加する

コマンドを複数追加したい場合は、手順 4、5 を繰り返して必要なコマンドを追加して、[OK]をクリックします。

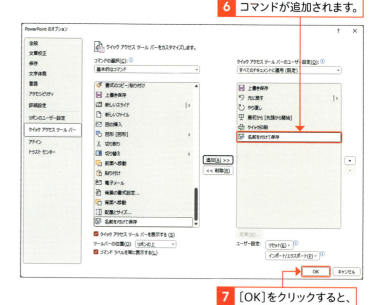

6 コマンドが追加されます。

7 [OK]をクリックすると、

8 クイックアクセスツールバーに[名前を付けて保存]が追加されます。

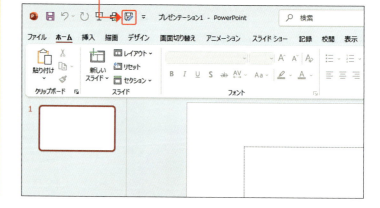

 クイックアクセスツールバーをリボンの下に表示する

[クイックアクセスツールバーのユーザー設定]をクリックして、[リボンの下に表示]をクリックすると、クイックアクセスツールバーがリボンの下に表示されます。もとの位置に戻すには、[クイックアクセスツールバーのユーザー設定]をクリックして、[リボンの上に表示]をクリックします。

③ クイックアクセスツールバーからコマンドを削除する

💬 解説

コマンドを削除する

クイックアクセスツールバーに登録したコマンドを削除するには、右の手順で操作します。
なお、[クイックアクセスツールバーのユーザー設定] をクリックして表示されるコマンドは、メニューをクリックしてオフ/オンを切り替えることができます。

1 削除するコマンドを右クリックして、

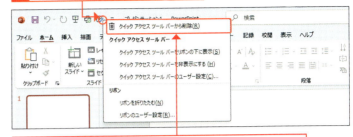

2 [クイックアクセスツールバーから削除]をクリックすると、

3 コマンドが削除されます。

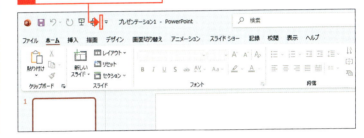

✨ 応用技　タッチモードに切り替える

タッチスクリーンに対応しているパソコンの場合は、「タッチモード」に切り替えることができます。タッチモードに切り替えると、コマンドの間隔が広くなり、タッチ操作がしやすくなります。クイックアクセスツールバーの[クイックアクセスツールバーのユーザー設定] をクリックして、[タッチ/マウスモードの切り替え]をクリックします。表示された[タッチ/マウスモードの切り替え] をクリックすると、タッチモードとマウスモードを切り替えることができます。なお、本書では、マウスモードで解説しています。

マウスモード

[タッチ/マウスモードの切り替え]をクリックして、いずれかに切り替えます。

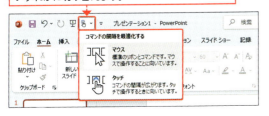

タッチモード

索引

数字／A〜Z

1行目のインデント	95
2段組み	90
Excelのグラフの挿入	184
Excelの表の挿入	168
Officeクリップボード	115
Officeのテーマ	308
Officeの背景	308
OneDrive	298
PDF文書の挿入	222
PDF保存	296
PowerPoint	20
PowerPoint Online	301
PowerPointのオプション	30
PowerPointの起動	22
PowerPointの終了	38
PowerPointの表でグラフ作成	179
SmartArt	138, 140
SmartArtのアニメーション効果	244
SmartArtの色を変更	143
SmartArtのスタイル	142
SmartArtを図形に変換	146
SmartArtをテキストに変換	145
Webページへのリンク	220
Word文書の挿入	222

あ行

アート効果	198
アイコン	70, 136
アイコンの色を変更	137
アウトライン表示モード	26, 58
明るさ	196, 210
アクセス許可を管理	300
新しいスライド	48
新しいプレゼンテーション	22
アニメーションGIF	306
アニメーション効果	236
アニメーションの軌跡効果	250
アニメーションのコピー／貼り付け	254
アプリケーションの自動修復	286
印刷	290
印刷範囲	291
印刷プレビュー	291
インデント	95

インデントマーカー	95
上書き保存	33
エクスポート	304
閲覧表示モード	27
円を描く	110
オーディオ	218
オブジェクトの挿入	223
オブジェクトの動作設定	226
音楽	218
音声の録音	276
オンライン画像	70, 191
オンラインビデオ	205
音量	212

か行

改行	47, 61
回転（図形）	118
書き込みの保持	275
拡張子	33
箇条書き	92
下線	89
画像のスタイル	202
画像の挿入	70, 78
画像の背景の削除	200
画像の枠線	203
型抜き／合成	129
画面切り替え効果	230, 234
画面切り替えの速度	234
画面構成	24
画面の領域	193
軌跡	250
軌跡の編集	253
既定の図形に設定	148
起動	22
行間	99
行頭記号	92
行の削除	159
行の選択	158
行の高さ	162
行の追加	159
共有	298
曲線を描く	107
切り取り	114
[記録中]ツールバー	267
均等割り付け	
クイックアクセスツールバー	24, 312

グラデーション	122
グラフスタイル	182
グラフタイトル	176
グラフのアニメーション効果	246
グラフの色	183
グラフの種類	172
グラフの挿入	174
グラフ要素	173
グラフ要素の表示／非表示	176
繰り返し	57
クリップボード	115
グループ化	134
蛍光ペン	274
形式を選択して貼り付け	170, 186
罫線	166
結合(図形)	126
効果音	235
効果のオプション	231, 249
コネクタ	126
コピー	54, 115, 168, 184
コマンド	28, 310
コンテンツ	48
コントラスト	196, 210
コントロールドック	217

さ行

最近使ったアイテム	36
サウンド	235
削除する領域としてマーク	201
サブタイトル	46
サムネイルウィンドウ	24
左右に整列	132
シート	175
[軸の書式設定]作業ウィンドウ	180
軸ラベル	177
シャープネス	197
斜体	89
修整	196
終了	38
上下中央揃え	133
新規プレゼンテーション	44
図(プレースホルダー)	190
ズームスライダー	24
スクリーンショット	192
図形	106
図形内の文字	124

図形に合わせてトリミング	195
図形に変換	137, 146
図形の移動	114
図形の色	121
図形の回転	118
図形の重なり順	130
図形の結合	128
図形の効果	123
図形のコピー	115
図形のサイズ	116
図形の種類の変更	117
図形の整列	133
図形の配置	132
図形の反転	119
図形の表示／非表示	131
図形の変形	117
図形のロック	131
スタイルの設定(図形)	123
図として保存	129
ストック画像	70, 191
ストックビデオ	205
図の効果	203
図のスタイル	202
図のリセット	202
スマートガイド	133
スライド一覧	27
スライド一覧表示モード	53, 268
スライドウィンドウ	24
スライドショーの実行	271
スライドショーの終了	273
スライドに合わせて配置	133
スライドの印刷	290
スライドの拡大表示	277
スライドの切り替えタイミング	266
スライドのコピー	54
スライドの削除	55
スライドの縦横比	45
スライドの順番	52
スライドの表示時間	269
スライドの表示の切り替え	27
スライドの複製	54
スライドのレイアウト	49
スライド番号	81
スライドマスター	74
スライドマスターの保存	77
スライドマスター表示	75
セクション	82

セル	152
セル内の文字の配置	157
セルの結合	164
セルの選択	164
セルの塗りつぶし	167
セルの分割	165
全画面再生	213
[選択]作業ウィンドウ	131
先頭文字の位置	95
線の種類	120
線の太さ	120
前面へ移動	130
線矢印を描く	108
ソフトネス	197

た行

ダイアログボックス	30
タイトル	46
タイトルスライド	46
タイトルを入力	50
タイトルバー	24
タスクバー	23
タッチモード	315
縦書き	91
縦書きテキストボックス	100
縦軸の設定	180
タブ(リボン)	24
タブ位置	96
タブの種類	97
タブのみを表示する	29
タブマーカー	97
段組み	90
段落の選択	92
段落の配置	98
段落のレベル	94
段落番号	93
段落前／後の間隔	99
調整ハンドル	113
長方形を描く	111
直線を描く	106
データ系列	173
データ要素	173
データラベル	178
テーマ	44, 66
テーマの色	121
テキストのアニメーション効果	240

テキストの入力	51
テキストボックス	100
テキストをSmartArtに変換	144
テキストを折りたたむ	62
動画の自動再生	205
動画の挿入	204
動作設定ボタン	224
透明度	71
閉じる	34
取り消し線	89
トリミング(画像)	194
トリミング(動画)	206, 208

な行

名前を付けて保存	32
ナレーションの録音	276
塗りつぶし	167
ノート	262
ノートの印刷	294
ノート表示モード	27, 264
ノートペイン	262

は行

パーセンテージ	178
背景の削除	200
[背景の書式設定]作業ウィンドウ	69
背景のスタイル	69
配色パターン	68
配色パターンの作成	71
配置(図形)	132
配置(セル内の文字)	157
ハイパーリンク	225
配布資料の印刷	293
背面へ移動	130
発表者ツール	270, 273
バリエーション	45, 67
貼り付け	54, 115, 169, 185
貼り付けのオプション	169, 185
反転(図形)	119
左インデント	95
日付	80
ビデオのエクスポート	304
ビデオの画質	304
ビデオの効果	211
ビデオの再生	305

ビデオの挿入	204
ビデオのトリミング	208
非表示スライド	280
ビューの切り替え	303
描画モードのロック	111
表紙画像	214
表示時間	266, 269
表示モード	26
標準表示モード	26
表スタイルのオプション	155
表の位置	161
表の罫線	166
表のサイズ	160
表の削除	159
表のスタイル	154
表の挿入	152
開く	36
［ファイル］タブ	25
ファイルの拡張子	33
ファイルの挿入	222
ファイルを共有	298
ファイルを開く	36
フォント	86
フォントサイズ	87
フォントの色	88
フォントパターン	72
吹き出し	112
複製	54
フッター	80
太字	89
ぶら下げインデント	95
フリーフォーム	113
プリンターのプロパティ	292
プレースホルダー	25, 46
プレースホルダーの削除	47
プレゼンテーション	20
プレゼンテーションの記録	302
プレゼンテーションの作成	44
プレゼンテーションの保存	32
プレゼンテーションを閉じる	34
プレゼンテーションを開く	36
プログラムの修復	284
ブロック矢印	109
ヘッダーとフッター	80
ペン	274
保持する領域としてマーク	201
保存	32

ま行

マウスモード	315
ミニツールバー	87
ミュート	213
文字のオプション	125
文字の影	89
文字のスタイル	89
文字の配置(表)	157
文字の配置(図形)	125
文字列の方向	91
元に戻す	56
モノクロの印刷	294

や行

矢印	108
やり直し	57
横書きテキストボックスの描画	100
余白(テキストボックス)	102

ら行

リハーサル	266
リボン	24, 28
リボンにコマンドを追加	310
リボンの切り替え	29
リボンの表示オプション	29
両面印刷	292
リンク	220
リンクの送信	300
リンク貼り付け	170, 186
ルーラー	95
レイアウト	49
レイアウトマスター	75
レーザーポインター	281
列の削除	159
列の選択	158
列の追加	159
列の幅	162
レベル	60, 94
レベル上げ／下げ(SmartArt)	141
録音	276
録画	216
ロック(図形)	131

お問い合わせについて

本書に関するご質問については、本書に記載されている内容に関するもののみとさせていただきます。本書の内容と関係のないご質問につきましては、一切お答えできませんので、あらかじめご了承ください。また、電話でのご質問は受け付けておりませんので、必ずFAXか書面にて下記までお送りください。
なお、ご質問の際には、必ず以下の項目を明記していただきますようお願いいたします。

1. お名前
2. 返信先の住所またはFAX番号
3. 書名（今すぐ使えるかんたん　PowerPoint 2024 [Office 2024/Microsoft 365 両対応]）
4. 本書の該当ページ
5. ご使用のOSとソフトウェアのバージョン
6. ご質問内容

なお、お送りいただいたご質問には、できる限り迅速にお答えできるよう努力いたしておりますが、場合によってはお答えするまでに時間がかかることがあります。また、回答の期日をご指定なさっても、ご希望にお応えできるとは限りません。あらかじめご了承くださいますよう、お願いいたします。

■お問い合わせの例

FAX

1. お名前
   技術　太郎
2. 返信先の住所またはFAX番号
   03-XXXX-XXXX
3. 書名
   今すぐ使えるかんたん
   PowerPoint 2024
   [Office 2024/Microsoft 365 両対応]
4. 本書の該当ページ
   231 ページ
5. ご使用のOSとソフトウェアのバージョン
   Windows 11
   PowerPoint 2024
6. ご質問内容
   アニメーション効果の数字アイコンが表示されない。

※ご質問の際に記載いただきました個人情報は、回答後速やかに破棄させていただきます。

問い合わせ先

〒162-0846
東京都新宿区市谷左内町21-13
株式会社技術評論社　書籍編集部
「今すぐ使えるかんたん　PowerPoint 2024 [Office 2024/Microsoft 365 両対応]」質問係
FAX番号　03-3513-6167

https://book.gihyo.jp/116

今すぐ使えるかんたん　PowerPoint 2024 [Office 2024/Microsoft 365 両対応]

2025年4月26日　初版　第1刷発行

著　者●AYURA
発行者●片岡 巌
発行所●株式会社 技術評論社
　　　　東京都新宿区市谷左内町21-13
　　　　電話　03-3513-6150　販売促進部
　　　　　　　03-3513-6160　書籍編集部
装丁●田邉 恵里香
本文デザイン●ライラック
DTP●AYURA
編集●青木 宏治
製本／印刷●株式会社シナノ

定価はカバーに表示してあります。

落丁・乱丁がございましたら、弊社販売促進部までお送りください。交換いたします。
本書の一部または全部を著作権法の定める範囲を超え、無断で複写、複製、転載、テープ化、ファイルに落とすことを禁じます。

©2025　技術評論社

ISBN978-4-297-14573-6 C3055
Printed in Japan